顔出しナシでOK!

「書くこと」で理想の暮らしを手に入れる

ゼロからはじめる情報発信の教科書

ヒトデ 著

はじめに　たった数年で人生が一変した！

文章を書いて、発信することは、魔法と似ている——

いきなりメルヘンチックなことを言いだしてすみません。でも、私は本当にそんなことを心の底から思っています。

なぜなら、文章を書いて発信することで、

「自分への理解が深まり、悩みが解決し、人を勇気づけることができ、人から感謝され、友達やパートナーができる。あと、金も儲かる」

……完っっっ全に魔法です！

むしろ、魔法でもできない領域かもしれません。世の魔法使いたちも「文章を書いて発信する人」へ羨望の眼差しを送っていると思います。

これは決して大げさな話ではありません。私自身、「文章を書いて発信する」をし続けた結果、人生が大きく変わったひとりだからです。

少しだけ、自己紹介をさせてください。

私は「ヒトデ」という名前で活動しているブロガーです。

近年はブログに限らず、こうして本を出したり（ビジネス書・小説・絵本）、ＳＮＳやＹｏｕＴｕｂｅ（ヒトデせぃやチャンネル）、Ｖｏｉｃｙ（ヒトデラジオ）で発信しているほか、コワーキングスペース経営、コーチングなど様々な活動をしています。

もともとは社会人１年目の２０１４年に気まぐれでブログを開始したところ、そのブログがうまくいき、２０１７年に独立。法人化して事業を広げ、２０２１年にはブログ収益で経済的自立（資産所得が生活費を上回っている状態）を達成しました。

そんなにトントン拍子に成果を出すということは、もともと才能があったのでは？と思われるかもしれませんが、私はびっくりするほど凡人です。

・頭が悪く、Ｆラン大学出身（調べたら偏差値42でした）
・部活動などでも成果を出したこと一度もなし
・就職してからも、「仕事ができないやつ」で毎日のように怒られる

自分で書いていて悲しくなるほど、良いところがありません。

同業者と話していて、

「いやー、自分も全然勉強できなくて、落ちこぼれだったんですよ〜」

と言われて意気投合したと思ったら、お相手の出身大学が慶應で空気が終わったこともあります。お前らの「勉強できない」と、こっち（Fラン）の「勉強できない」は、わけが違うんだよ。こっちはな、英語の授業がbe動詞から始まるんだよ……！

……話が逸れましたが、そんな自分の人生を変えてくれたのが「書くこと」と「発信すること」でした。私の場合、具体的には、「ブログ」と「X（当時はTwitter）」です。

最初は趣味として始めた情報発信が、いずれ副業になり、最終的には本業にまでなりました。収益面で見ても、少しずつお小遣い程度の収益が入るようになって、毎日に余裕が出てきて、次第に本業の給料を超えるようになり、ついには経済的自由を得るまでに至りました。

そして、私が情報発信で得たのは、お金だけではありません。

ブログやXでの発信を通じて、たくさんの「価値観」や「好き」が一致する人たちと仲良くなりました。一緒に事業をしたり、ただ遊んだり、旅行に行くような仲の良い友人が、大人になってからたくさんできたのです。

ちなみに、情報発信がきっかけで恋人もできました。今では結婚して、その人は奥さんになっています。

また、昔からの夢であった「本を出すこと」も、情報発信をしていたおかげで叶えることができました。この本で5冊目になりますが、昔の自分からすると、こんな風に人から求められて本を書けるなんて、本当に幸せなことだと思っています。

すべては「書く」から始まった

当時は特別意識していたわけではありませんが、私の人生は「書く」ことによって動き続けています。

これは、ブログを書いてみた、という話だけではありません。

まず、気持ちの整理です。そのころの自分は、「サラリーマン」という立場にすごく絶望していました。これから定年まで、ずっとやりたくもない仕事をし続けて、土日や祝日だけを楽しみに生きる「懲役40年」と本気で思っていました。

そんな状態なので、会社で叱られた日や、長期休みの最終日は気分が沈みます。そういうときにはいつも、自分の考えを紙にひたすら書き出していました。

今振り返ると、『ゼロ秒思考』（赤羽雄二著／ダイヤモンド社）という本を参考に行ったことですが、これが本当に効果テキメンでした。

何も難しいことはしていません。ただA4の紙の左上に「会社行きたくない」と書いて、それから思いつくことをひたすら殴り書きしていくだけです。コツは、上手に書こうとしないこと。そして、人に絶対見せないという前提で書くことです。

誰かのためではなく、ただ自分のために、「今の頭の中」を書いていくだけです。

はじめのうちは「行きたくない」「休みたい」「ずっと休みたい」「とにかく行きたくない」「嫌すぎる」みたいな文字列が並びました。これはいつも自分が頭で考えていることです。多少スッキリするものの、この時点では何も変化はありません。

変化が起こるのはそのあとです。

それでも構わず続けていると、同じことを延々と書いているだけの状況から、次第に内容が変化していきます。

「行きたくない」「嫌だな」「あー、嫌すぎる」「なんでそんなに行きたくないんだろう？」「そもそも出勤が嫌だ」「人間関係はそこまで嫌じゃない」「でも良いとも言えない」「仕事内容が嫌だ」「興味が持てない」「自分のやりたいことじゃない」「朝から晩まで週5で拘束されるのが嫌だ」「自由がないのが嫌だ」「もっと自由でいたい」「自由な状態なら、今の仕事でも別にいい」「そもそも自由ってなんだ」

この変化がわかるでしょうか？

頭の中でグルグル回っていた部分を書き出したことによって、思考をその先に進めることができた。これこそが、「書く」ことの大きな効果のひとつだと思っています。

このあたりで一度、紙全体を見渡して「特にここだな」と思う部分に線を引きました。私が実際に線を引いたのは、「自分のやりたいことじゃない」「もっと自由でいたい」でした。

そこからは簡単です。

その、特に重要だと思う部分を左上に書いて再スタートします。

これを続けた結果、自分のやりたいこととして、既に始めていたブログがピッタリだと認識できたし、ブログを頑張ることが、「自由な暮らし」にもつながると確信を持って進めていくことができました。

やらないのは、もったいなさすぎる！

情報発信、全人類やったほうがいい。

この本で伝えたいことを一行でまとめると、こうなります。

世の中の大抵のものは「リスク」と「リターン」が釣り合っています。大きなリターンには、大きなリスクが付きもの。大きな成果を得たければ、それに伴った対価を差し出さないといけないのが世の定めです。

でも、情報発信は違います。

● 膨大なメリットがあるのに
● デメリットがとても少ない

のです。情報発信は、はっきり言って現代におけるチートです。やらない理由がありません。もうね、逆に聞きたいです。「なんで情報発信をしないんですか？」と。

もし「ちょっとだけしてるよ！」という方がいるなら、改めて聞きたいです。「なんでちょっとしかしないんですか？？」と。

「そんな風にゴリ押しされても、ちょっと引くわぁ……」

と思う方も少なくないと思いますが、そんな風にゴリ押ししたいくらい、この本では

あなたに情報発信をすすめたいと思っています。

ここまでをまとめると、凡人だった私が情報発信を始めたことによって、

- お金を稼ぐことができて
- 嫌だった仕事を辞めることができて自由になり
- たくさんの友達ができて
- 恋人ができて結婚して
- 出版というかつての夢を叶えた

ということになります。

……これだけ読むと、完全に怪しいパワーストーンの広告ですが、これはすべて事実です。もちろん、文章を書いて発信すれば誰だってこうなるぜ！とは言えません（そんなことを言うやつがいたら、そいつこそ詐欺師です）。

しかし、自分はまさに情報発信で人生が変わって、かねてからの理想だった暮らしを手に入れることができました。だからこそ、少しでも多くの人に情報発信をしてみてほしいと思っています。

大事なことなので、もう一度言わせてください。**情報発信の良い点は「リスクの少なさ」にあります。**

10万円のパワーストーンを買って効果がなかったら大損ですが、情報発信はスマホかPC（パソコン）さえあれば、ほぼ無料で手軽に始めることが可能です。

おいしい話には裏がある、とよく言われますが、ここに関しては本当に裏がありません。というか、かれこれ10年以上情報発信をしてきていますが、まったく思いつきません。もし知っている人がいたら教えてください。

本書は初めて情報発信を行う人はもちろん、「既に始めているけど伸び悩んでいる」「始めたはいいけど、何をしていいかわからない」という人にも向けて、私のこれまで学んできた経験やノウハウを凝縮した一冊になっています。

文章を書いて発信することで、人生を豊かにしていきましょう！

『「書くこと」で理想の暮らしを手に入れる―ゼロからはじめる情報発信の教科書』目次

はじめに　たった数年で人生が一変した！……3

①章 「書く&発信」は人生を変える魔法

あらゆる情報発信は「書く」から始まる……20
自分が発信したいこと、発信できることを棚卸ししてみよう
書きはじめると、無意識のうちに空白を埋めようとする
新しい自分に気づく（興味の幅が広がる）
書くことは気持ちの整理にも役立つ……26
「感情を載せた記事」の反響が大きかった
「考えすぎる人」は発信者としての才能がある
「記録する」ことの素晴らしさ……31

「情報発信」って、何がすごいの？ …… 33
人生を豊かにする出会いがもたらされる
価値観の似ている人が「向こうから」やってくる
居心地の良い「コミュニティ」が生まれる
もちろん、お金にもなる …… 41
情報発信の敷居は低い

②章 テーマは無数。何を伝えればいい？

発信が見られる理由は「役に立つ」から …… 46
まずは自分の「好き」「得意」を発信する …… 48
「好き」の発信に「役に立つ要素」を加えてみる
好きの原動力はすさまじい
自分の「得意」を発信する
「自分よりすごい人がいて……」を気にしなくていい理由 …… 54
そもそも「にわか」「素人」の発信にも価値はある

伝える層が変われば、最適な発信も変わる

自分の「実績」と「商品」を発信する 57
動き出すのが大事。はじめは適当でいい

自分の「挑戦（の過程）」を発信する 62
自分を応援してくれる人が増える
目標達成のための「過程」発信の価値は大きい
過程を発信するときの注意点

発信の「コンセプト」を考えてみよう 69
価値観からコンセプトを決める

キャラは作ったほうがいい？ 73

3章 ココが大変だよ発信者！
〜陥りやすい注意点

批判・誹謗中傷との向き合い方 76
「全人類に受け入れられる発信は存在しない」のが前提

「そもそも争わない」ことが大切
尖ったブランディングなら反論はあり？
ミュート・非表示などの機能を効果的に使う……83
批判には耳を傾けるべきか
炎上してしまったらどうする？
決して他人ごとではない！　詐欺に注意……88
お金を第一に考えると必ず失敗する
影響力を得たときのために、覚えておきたいこと

4章 より多くの人に見てもらうための文章の書き方・伝え方

Webの文章を書く上で意識すべきこと……96
無料で無数のコンテンツにアクセスできる
表示領域の制限がほぼない
読まれるコンテンツ作りのポイント4つ

すべてを超越する「属人性」という武器……106
「○○といえば、自分」を目指す
「実績」を積み上げるための具体例……109
実名or匿名どっちがいい?……114
「実名・顔出しあり」で発信する場合
「匿名・顔出しなし」で発信する場合
もし迷ったなら「匿名」でOK
「ネタ切れ」はこの2つで解消できる!……120
ネタ探しのアイデア……125
他の人の発信を見てみる
あらゆることを「発信のネタになるか」という視点で見る
実は「ネタがない」は、ほぼありえない
継続こそ成功への道! 挫折を防ぐヒント……129
〝やる気〟が続く目標設定の方法……134
目標設定は「2つの軸」で行う

今度こそうまくいく！　目標設定のコツ
ヒトデが稼げるようになるまで、実際に立てていた目標

5章　情報発信で収益を最大化させる方法

収益を増やすために大事なこと …… 142
収益化の方法1　クリック型（インプレッション型）広告 …… 144
Xの広告収益の仕組み
クリック型広告の収入を最大化させるコツ
ブログ（サイト）とYouTube（動画）の性質の違い
収益化の方法2　アフィリエイト …… 155
アフィリエイト収入を最大化させるコツ
段階を踏んで「単価」を上げていこう
SNSで収益化を目指すときのポイント
アフィリエイトで成果を上げるためのテクニック5つ
収益を高める点でも「属人性」は最強！

収益化の方法3　企業案件（直契約・純広告）……179
企業案件（直契約・純広告）の収益を最大化させるコツ
自社商品にもチャレンジすると充実度が高まる……184
自社商品での収益化は、こんな人におすすめ！
ブログとSNS、YouTubeの相乗効果……188
プラットフォーム比較……190
おわりに……192
付録
ブログ開設・広告設定のポイントと手順……206
特典動画（無料）のご案内……207

1章

「書く＆発信」は人生を変える魔法

あらゆる情報発信は「書く」から始まる

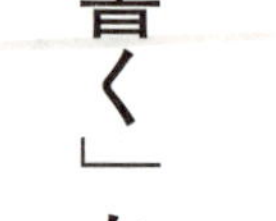

情報発信するぞ！　と思うと、多くの方がいきなりブログ記事の投稿画面や、ＳＮＳの投稿画面を開いて書きはじめようとします。

その心意気は素晴らしいのですが、ちょっと待ってください。

ほとんどの人は、そんな感じでスタートしてもすぐに行き詰まってしまいます。

そうならないためにもおすすめしたいのが、**まずは自分の内面を見つめ直して「何を発信できるのか」「何を発信したいのか」を考えること**です。

・ブログで記事を書く
・ＳＮＳで投稿する
・動画のコンテンツを作る
・本を書く

……ほとんどの情報発信は「書く」ことから始まります。情報発信を頑張るということとは、『「書く」ことを頑張る』とも言えます。

とはいえ、「YouTubeのような動画での発信なら『書く』は要らないのでは？」と思うかもしれません。しかしそれは誤解です。どんな媒体で行うとしても、まずは何を発信するのかを整理したり、自分の内面を深掘りする必要があります。

その後、人によっては原稿を準備することもあるでしょう。

私自身、「ヒトデせいやチャンネル」という登録者15万人超のYouTubeチャンネルを運営していますが、動画撮影の際には必ずネタ出しをして、伝える内容を整理してから撮影に臨んできました。

ここではまず、具体的な「書き方」ではなく、「発信するための準備」としての「書く」ことの重要性と手順についてご紹介します。

自分が発信したいこと、発信できることを棚卸ししてみよう

ほとんどの人にとって、発信する内容は自分の中にあります。それを具体的に把握するために、とても役立つのが**「自分の棚卸し」**です。

私たちは意外と自分自身のことを自分で理解できていません。**好きなこと、大事な価**

値観、強み、人生で長い間やってきたこと、逆にこれから挑戦したいことなど、どこからでもいいので、書きやすいところからとにかく書き出してみてください。

このとき大切なことは、キレイにまとめる必要はないということです。

大事なのは、とにかく頭の中で考えていることを一度外に出すということ。矛盾するようなことがあったり、同じことを2回書いていたり、変な日本語だったりしても構いません。誰かに見せるための文章ではなく、自分のための文章だからです。

とにもかくにも、まずは頭から外に出すこと。おおむね全部出し切ったと思ってから、次の「情報を整理する」プロセスに向かいます。

書きはじめると、無意識のうちに空白を埋めようとする

好きなように書き散らかしたら、次は整理をしてみます。ここにもルールはありません。手書きでもＰＣでも、自分的にしっくりくる方法でＯＫです。私自身は、マインドマップのツールでまとめるのが好きなので、よく利用しています（次ページ参照）。

完全に自由だとやりにくいという方は、ざっくりと「好き・夢中」「価値観・大事なこと」「強み・得意」を、まとめてみると良いでしょう。

- 自分の棚卸し
  - 好き・夢中
    今どんなことをしてると楽しい？
    これまでどんなことをしてきた？
    - 動物
      - ネコ可愛すぎる
      - 犬可愛すぎる
    - エンタメ
      - アニメ
      - 漫画
      - 映画
      - ゲーム
    - 内省
      - 文章を書くこと
      - ひとり旅
    - 人間の理解
      - 心理学
      - 1対1の深い会話
      - コーチング
      - 人の才能を知る（ストレングス）
    - 過去に打ち込んだ活動
      - 小説を書いた
      - 部活動のテニス
      - 習い事の公文式
      - 秘密基地作り
      - 塾のアルバイト
      - ゲーム
    - これからやりたいこと・学びたいこと・興味があること
      - 瞑想
      - 創作活動
      - サバゲー
      - 保護猫活動
  - 価値観・大事なこと
    何に幸せを感じる？
    - 自由に過ごしたい
    - 快適な日々を送りたい
    - 好奇心を満たし続けたい
    - 新しい活動をし続けたい
    - 家族を大切にしたい
    - 友人を大切にしたい
    - 面白い人とつながって、親密になりたい
    - 失敗は失敗じゃない
    - 心の余裕を持ち続ける
    - いつだってご機嫌でいる
  - 強み・得意
    - 相手のことを考えて、気遣いができる
    - 誰とでもフラットな人づき合いができる
    - 文章を書いて面白いと言われたことがある
    - わかりにくいことを、わかりやすい文章でまとめることができる
    - 優しいと言われる
    - 安心感がある、人のことを見捨てなさそうと言われる
    - 煮詰まった状態から打開策を考えることができる
    - 人とは違った発想ができる
    - 柔軟な対応ができる

この書き出したページが、今後のあなたの発信人生の土台になります。

今、実際に書いてみたらスカスカで絶望した……という方もいるかもしれませんが、それでも大丈夫です。現時点で完成している必要はなく、これからドンドン完成に近づけていけばいいのです。まずはこの**土台を作り、定期的に見返して、思いついたものがあれば追記してみる**と良いでしょう。

このように**考えを広げておくことで、脳が無意識のうちに空白を埋めようとします**。常に頭の片隅にこのマップを置いて、思いついたらできるだけすぐに書き留めるようにしていきましょう。

また、自分ひとりで考えずに、**他の人の視点を入れる**のも一案です。自分で考えきったあとに、友人や家族と見せ合いながら、自分にはなかった視点をもらいましょう。

さらに、書籍で新しい視点を獲得したい場合は、『世界一やさしい「やりたいこと」の見つけ方』（八木仁平著／KADOKAWA）がおすすめです。様々な角度での質問や事例が紹介されているので、自己理解をする上でとても役に立ちます。

価値観を広げるという意味では『DIE WITH ZERO』（ビル・パーキンス著／ダイヤモンド社）、自己理解をより深めるには『さあ、才能（じぶん）に目覚めよう』（ジム・クリフトン、ギャラップ 共著／日本経済新聞出版）も良書です。

新しい自分に気づく（興味の幅が広がる）

そんな風に自分と向き合っていくと、ふと新しい自分に気がつくことがあります。「自分って、本当はそんなことを考えていたんだ！」とわかったり、全然関連性がないと思ってやっていた複数のことが、実は大きな枠で見ると同じ目的だったことや、好きなものの共通点に気がついたり。

その延長で、**「それならこれをやるのも良いかも」とひらめく**ことがあります。

これは、書き出して客観的に眺めているからこそ起こりうることです。

ちなみに私は会社員時代、そのときの「やりたいこと」や「もっと自由になるためにやるべきこと」として、転職も真剣に検討していました（結果的に副業のブログでうまくいったので実行しませんでしたが）。

頭の中を書き出すということは、一見無意味に思えるかもしれませんが、私と同じように内省タイプの人（勝手にいろいろなことを頭の中で考え続けてしまう人）にはとりわけ、抜群の効果があります。

価値観の深掘りや次のアクションへの原動力として使っていきましょう。

書くことは気持ちの整理にも役立つ

「はじめに」でもお伝えしたように、書くことは気持ちの整理にも使えます。イヤなことがあった、理不尽な目に遭った、何だかモヤモヤする……そんなとき、ぜひこの手法を使ってみてください。特に、**その場その場で感情を発散できず、溜めこんでしまいがちな人や、考えすぎてしまう自覚がある人にはおすすめの手法**です。

やり方は簡単。頭の中でぐるぐる回っている感情、愚痴、文句のようなものを、全部書き出していくだけです。先ほどと同じく、キレイに書こうとしたり、重複を気にする必要もありません。浮かんだ言葉をそのまま書いていきます。

汚い言葉だとしても、とても人に見せられない表現でも、全然気にせずOKです。後から見返したいものでもないので、お気に入りのノートなどではなく、すぐに捨てられるコピー用紙などの方が好ましいでしょう。PCでもOKですが、殴り書きできる紙の方が、思うがまま書けると思います（ただ、うっかり見られたりしないように、ちゃんと処分しましょうね！　身近な人の愚痴とかだと修羅場になります！）。

頭の中の言葉をひたすら書き出していると、不思議なことに、ずっと悩んでいたような深い悩みでも、どこかで必ず手が止まります（感情を出しきったということです）。

手が止まったら、次はその書いた紙を眺めてみます。

自分の思っていることを客観的に見つめることで、頭の中だけで考えていては見えなかった部分が見えてきます。「自分はここが本当にイヤだった」ということに気づけたり、逆にここはそうでもないとわかったり、この部分でずっと思考がループしているなあと思ったり。

このように一度頭の中の言葉を取り出すことで、**自分を客観的に見つめられるようになり、思考を次に進めることができます**。

特に、**ネガティブな思考が止まらないときは、書き出すプロセスだけでもすっきりする**ので、ぜひやってみてください。

ちなみに私は会社員時代にこれをよくやっていたことによって、嫌なのは会社に行くことではなく、自由ではないこと、仕事内容に興味が持てないこと、そこから脱するためにできることはブログを頑張ることなどがわかりました。**自分自身で把握できていない価値観の深掘りや、次のアクションへの原動力として、とても役立ってくれました**。

「感情を載せた記事」の反響が大きかった

自分の思いを書くことは整理になるという話について、実例を2つ紹介します。

1つ目が、10年連れ添った愛犬が亡くなってしまったときの記事（もし、記事を読む人がいたら、ちょっと暗いので注意してください）。2つ目が、結婚をきっかけに、障害のある弟の兄である「きょうだい児」の自分のことを書き連ねた記事。

私はこれをブログで世の中に公開して、大きな反響を得ましたが、こうした感情は必ずしも発信する必要はありません。

● **愛犬が死んだ**　https://www.hitode-festival.com/?p=555

愛犬が死んでしまって、つらくてつらくて、泣きながら感情のままに書き殴ったのですが、不思議なことに、書き終わるころには少しだけ前向きな気持ちになっていました。

「悲しい」「つらい」しか考えられていなかったのに、思いを書き連ねて、思い出なんかも振り返っているうちに、**「悲しいのは間違いないけれど、しっかりとその悲しみを受け入れた上で、彼のことを思いながら前に進んでいこう」と頭の中が一歩前に進んだ**

ことを覚えています。

●「きょうだい児」が結婚した話　https://www.hitode-festival.com/?p=8427

これは先ほどのケースとは違い、ずっと自分の中で渦巻いていて、書いて整理し続けてきたことを、結婚という機会に改めて公開したものでした。

自分の心に折り合いがつくと同時に、公開することで、同じ環境の人たちから本当に多くの反響をいただきました。これは、発信することの醍醐味のひとつだと思います。

自分を救うために書き続けたことを、世の中に公開したことで、同じ環境の人たちを救うきっかけになったり、勇気を持ってもらえたりしました。

もしかしたら、あなたの「自分のための文章」も、誰かの心の支えになるかもしれません。

ちなみにこの記事がきっかけで、きょうだい児のための絵本『ぼくだってとくべつ』（逆旅出版）を制作することにもつながりました。自分が長年書き溜めてきた文章が、絵本という形で作品に昇華されて、多くの人に届いたのは感激しました。

「考えすぎる人」は発信者としての才能がある

この話の派生として、内省傾向が強く、常にぐるぐる頭の中で考えごとをしている人に向けて、定期的に頭の中を言語化して外に出すことをおすすめします。

はっきり言って、その考え続ける（考え続けてしまう）という傾向は、とてつもない才能です。頭の中で回すだけでなく、すべて書き出してみてください。

するとどうでしょう。一度頭がすっきりして、その後またもや新たな考えが頭を支配します（笑）。

これを繰り返すとどうなるか？ 毎日、とんでもない量のアウトプットが生まれてきます（これを発信しようと考えると、手が止まってしまうことも多いと思うので、まずは自分のためだけのアウトプットでOKです）。

「考えすぎてしまう」という人は、実は発信者としての才能がめっちゃある人です。だって、普通の人ってそんなに考えませんから。私が普段接していて「よくそんなにいろいろ発信できるね」と思う人は、だいたい「考えすぎる人」です。

外に出さないと、一生同じことだけを考え続ける人になってしまうので、より書き出すことが大切になります。才能を生かすも殺すもあなた次第です。

「記録する」ことの素晴らしさ

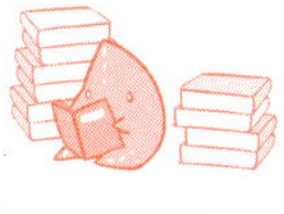

他にも、書くことには素晴らしいメリットがあります。

例えば「書き残す」（＝記録する）という側面で言えば、**学んだことを書き留めるようにするだけで、インプットが積み上がっていきます**。ただ学んで終わりの場合と、書き残そうとした場合とで、**定着率にも大きく差が開く**はずです。

そして、**日々の記録はこれからあなたがなろうとしている「発信者」にとって、ネタの宝庫**です。

日々気になったこと、面白かったこと、好きなことなど、なんでも記録に残しておくと、いつか自分が発信するときの助けになります。

（ちなみに、私は普段の記録をブログに残し続けたおかげで、今この本の執筆が大変はかどっています。ありがとう！　過去の自分！　偉すぎる!!）

また、記録を続けることはモチベーションにもつながります。例えば、

・ダイエットをしたいときは、体重を記録し続けると痩せる
・節約をしたいときは、家計簿をつけ続けると支出が減る

といったようなことを聞いたことがないでしょうか？

これ、よく考えると意味がわかりませんよね。体重やお金の記録をつけることと、その増減に直接的な関係はありません。

では、何に影響するのかというと、モチベーションに影響します。**「記録をしないといけないから、やる気が出る」**んです。やる気が出ることで良い習慣が持続して、目標が達成できるというわけです。

これから頑張りたいことがある人は、まず記録をつけるところから始めましょう。なんなら、ついでにその記録を発信しちゃいましょう。

振り返ったときに「自分はこれだけやってきた」と自信にもつながりますし、もし発信もしていたら、まわりの人から見ても「あの人はこれだけやってきた」と思ってもらえます。

「情報発信」って、何がすごいの？

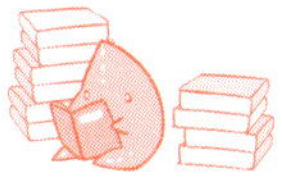

「書くことは好きだけど公開する勇気がない…」「やってみたけど続かない…」という人もいると思います。そんな人のために、情報発信のすごさを解説させてください。

「はじめに」で「人生が変わった」という私自身の体験をお話ししましたが、それは情報発信に多大なメリットがあったからだと思います。まとめると35ページのようになります。

これだけのメリットがありながら、デメリットはとても少ないです。デメリット部分を強いて挙げるなら、

・そこにかける時間が無駄になるかもしれない
・炎上するかもしれない
・詐欺の被害に遭うかもしれない
・読む人の中には危ない人がいるかもしれない

くらいのものです（もちろん、これらのデメリットは無視してもＯＫ！ というつもりはないので、3章で解説します）。

私が言いたいのは「デメリットに対して、メリットが大きすぎる」ということです。

人生を豊かにする出会いがもたらされる

実際にやってみてわかった情報発信の一番のメリットとして、「人とのつながり」を挙げたいです。どうしても「お金が儲かる」「副業になる」ということに目が向けられがちですが、このつながりこそが、私は最も素晴らしいことだと思っています。

それ自体が人生を豊かにするのはもちろん、稼ごうと思ったときに助け合う仲間や、稼いだあとに一緒に遊べる仲間も、結局は「人とのつながり」から生まれます。そういう意味でも、**人とのつながりがもたらす豊かさは、人生を長いスパンで見たときに、たいへん貴重**です。

私自身、情報発信を通じた出会いで多くの友人や仕事仲間ができて、今でもとても仲良くさせてもらっています。特に、副業としてブログを始めた際は、まわりに副業をしている知り合いがひとりもいない中で、同じように頑張る仲間たちと出会えたことが本

情報発信のメリット

価値観の合う人とつながることができる

自分と同じ「好き」を持った人とつながれる
➡ 新しいコミュニティに属せる

そんな人たちに「見つけてもらう」ことができる
➡ 続けるほど、合う人が高確率で見つかる

自分の「経験」「悩み」「コンプレックス」が人に役立つ
➡ 人に役立つということは、お金になる

お金がほとんどかからない

誰でも、今すぐ始められる

何歳からでも始められる
➡ 体力がなくても OK

当に心の支えになりました。

副業のことや会社員の仕事のこと、今までの人間関係だったら冷笑されるようなことも、価値観の合う人たちであれば真剣に相談に乗ってくれます。私が会社を辞めて独立するという決断ができたのも、このときにつながった人たちがいてくれたからでした。

情報発信を通じて、一緒に切磋琢磨できる仲間も、プライベートでゲームをしたり一緒に旅行をするような友人も、ビジネスを立ち上げる共同経営者もできたし、今の奥さんとも出会えました。そういった**深い関係が構築できる人と出会えるのは、何にも代えがたい大きなメリット**だと感じています。

価値観の似ている人が「向こうから」やってくる

とはいっても、誰かれ構わずつながりたいわけではありませんよね？　できれば自分と考えや感性が近い人、同じものを好きだと思っている人たちとつながりたいはずです。

しかし、現実世界で、そういった人を探すのはなかなか難しいです。

もちろん偶然そういう人たちに出会うこともありますが、たまたま同じクラスだった、同じ会社だった、そんな人たちの中から、感性や価値観が合致する人と出会える確率は低いでしょう。

そこで、インターネットを使った情報発信のメリットが活きてきます。

何より、その**範囲は世界中のインターネットをやっている人全員！** 同じ空間どころか、同じ市や県にいなくてもいい。それどころか、日本にいなくてもいいんです。

これだけ広い範囲に向けて発信ができるのは実に革命的で、これによって、**ニッチな趣味や少数派の価値観を持つ人でも、似た考えの人とつながれる**ようになりました。全世界が対象なら必ず見つかります。

「それなら別に発信者にならなくても、ネットを使うだけでつながれるのでは？」と思うかもしれません。実際、発信している人にアプローチしてつながることも可能ですが、それだと、自分で必死に探してようやくアプローチできるのはひとりだけです。

逆に、**自分が発信側に回れば、ただ「好き」や「価値観」を発信しているだけで、それに合う人が「見つけてくれる」**のです。これが情報発信の最たる特長です。

発信側と受け取り側には、天と地ほどの差があります。発信側は常に全世界にメッセージを送っており、しかもその発信はストックされていきます。発信を続ければ続けるほど、レバレッジ（てこの原理）が効き、届く人数が格段に増えていきます。つまり、自分と合う人と出会える確率が上がっていくのです。

筆者の例を出すと、私は基本的に陰キャと呼ばれる存在なので、「ウェーーーイ!!」みたいな関係構築は苦手です。飲み会で大騒ぎ！　とか、クラブでアゲアゲ↑みたいな人種ではありません（っていうか、クラブで実際みんな何してるんですか？　ひたすら揺れてるとか？）。

大人数ではなく少人数で、なんなら1対1の落ち着いた環境で、じっくり深い話をするのが好きです。これはどちらが優れているとかではなくて、人間のタイプの違いです。それがもしも狭い地域のコミュニティで、まわりがみんな「ウェーーーイ！」であれば、私も関係構築のために心をすり減らしながら「ウェーーーイ！」せざるを得ません。しかし、広いインターネットであれば、私と同じタイプの人もたくさんいます。これを読んでくれている方にも、同じタイプの人がいるでしょう。

実際、私が仲良くなった人は、少数の深い関係を好む人たちが多いです。もちろん、これは数ある価値観の中のひとつでしかないので、ここの価値観は違っても、他の価値観や嗜好《しこう》でつながっている人もたくさんいます。

こんな風に、同じ価値観でつながってできあがる人間関係は、とても心地が良いですし、自分が自分らしくいられます。

また、**発信者は発信者とつながる**という特徴もあります。「憧れのあの人」に対して、ただ受け取る側でいては一生ファンのままですが、**自分自身が発信をするようになると対等な関係でつき合えたり、一緒に何かをやる機会が生まれる**可能性もあります。

つまり、**受け取る側から発信側に回るだけで、圧倒的に人間関係を構築しやすくなります**。発信側に回っていきましょう！

居心地の良い「コミュニティ」が生まれる

人とつながることには、「新しいコミュニティ」に属することができる、という大きなメリットもあります。大人になってからは新しいコミュニティに属する機会が減り、自宅と会社にしか居場所がない、という人も少なくありません。

とはいえ、やみくもに新しいコミュニティに飛び込むのは勇気がいるし、逆に疲れてしまいます（そういった活動が好きな人はいいのですが、私はマジで無理です）。

そこで**「情報発信」を行うと、必然的に自分と近い価値観の人や同好の士が集まるので、自分にとって居心地の良いコミュニティを作りやすくなります**。自分自身が主催者にならなくても、同様の発信をしている人たちと一緒になって場を形成していけばＯＫ

です。

私自身、ブログで稼ぎたい！　と思っていたときに、そういった発信を続け、同じ想いを持った人たちとコミュニティを形成していました。月10万円稼げるように、みんなで一緒に協力して頑張ろうというものです。皆が同じ方向を向いているので、とても居心地の良い場所でした。

ほかにも、ゲームの発信をすることで、ゲーム仲間のコミュニティに参加したこともあります（ちなみにスプラトゥーン2です。私はこのゲームのせいでフリーランス人生が破綻しそうになるほどのめり込みました）。

これは私が主催のコミュニティではありませんでしたが、ゲームの発信を続けているうちに、「一緒にやろうよ」と誘っていただき、コミュニティに参加しました。

このように、ビジネス感の強いつながりではなく、ただ同じ趣味をやるようなゆるいコミュニティも数多く存在しています。

大人になってから、新しいつながりであるコミュニティを作ったり、属することができる。これは情報発信の大きなメリットです。

もちろん、お金にもなる

多くの方のイメージ通り、情報発信でお金を稼ぐこともできます。

例えば私の場合、趣味のブログがスタートで、**最初は少額でしたが、最終的には会社を辞められるほど稼げるようになりました。**さらにSNS、YouTubeでの発信、本の執筆など、収入源もどんどん拡大していきました。

ただ、発信をお金にしようと思った場合、テクニックが必要です。詳しくは後の章で紹介しますが、ひとことで言うと「人の役に立つ」発信をするということが重要です。

情報発信の敷居は低い

情報発信ではお金が稼げるし、これまで挙げてきたような大きなメリットがあるのにもかかわらず、その敷居はとても低いです。

なんといっても、始めるのにお金がほとんどかかりません。SNSでの発信であれば、スマホ1台あれば誰でもできてしまいます。**比較的手間のかかるWebサイトの更新や動画編集ですら、簡単なものであればスマホで済ませてしまう人も多い**です。

仮にそのためにPCを買うとしても、それ以外に必要なものはネット回線くらいです。一般的な事業と比べれば、はるかに少ない費用で始めることができます。

私自身、**月100万円稼いだときのランニングコストは、レンタルサーバー代の月1000円程度**でした。しかも使っていたパソコンも5万円くらいの安いものです。その後、イラストや記事の外注化を進める中で諸経費は増えていきましたが、それは事業化したあとの話で、始める際にかかるお金はかなり少ないです。

しかも、情報発信は、誰でも、何歳からでも、今すぐにでも始めることができます。**年齢によるハンデはほとんどありません**。こう言うと、よく「若い人のようにはできない」と中高年の方から言われるのですが、これは大きな間違いです。**情報発信で価値を提供するために重要なのは「経験」**です。14歳の少年と、50歳のおじさん、どちらの方が経験豊富でしょうか？　答えは言うまでもありません。

私のブログ仲間にも50代の人は数多くいますし、運営しているコミュニティでは60代以上の方も数多くいらっしゃいます。また、シニアブロガーのりっつんさんは59歳からブログを始めて、趣味で書いていたら書籍化に至りました（『未亡人26年生が教える心地よいひとり暮らし』扶桑社）。そんな事例もあります。

情報発信で重要なのはテクニックよりもその内容です。

あなたのこれまでの人生の経験は必ず活きてきます。むしろ、それを隠してひとりで持ち続けているなんてもったいない！　後の世代のためにも、今すぐ情報発信をしてその知見を世に残してください。

2章

テーマは無数。何を伝えればいい？

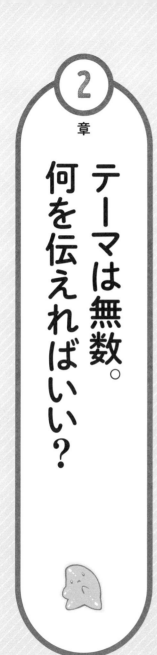

発信が見られる理由は「役に立つ」から

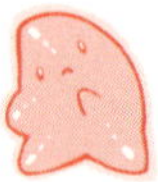

ここまでの内容から、なんか発信がすごいということはわかっていただけたと思います。次に気になるのが、「で、何を発信したらいいの？」ということですよね。

まず前提として、**ここでは発信の目的を「なるべくたくさんの人に見られる」ことに置きます**。自分の記録用という目的の方もいると思いますが、この本を読まれる方の多くは、情報発信で人とつながったり、お金を稼いだりしたいはずです。

では、どうしたら人から見られる発信ができるのか。

そのために、**最も基本で大事なことが「役に立つ」ということ**です。

自分自身が、人の情報発信を見るときのことを想像してみてください。リアルの知り合いや、特定のファンや推しである場合は別として、

・困ったことがあったら検索して情報を集める

・自分が知りたい情報をわかりやすくまとめてくれている人をフォローする

・見ていると笑えてリラックスできるからチャンネル登録する

など、何かしらの「役に立つ」を感じているはずです。

自分には何も人の役に立つネタがない！という人もご安心ください。**自分の「経験」や「悩み」「コンプレックス」が、他の誰かの役に立ちます**。多くの経験をしたり、多くの悩みやコンプレックスを克服してきた人ほど、情報発信の価値は大きくなります。

もし、**自分にはそんな経験がないというなら、作ればいい**のです。自分の好きなことについて、同じように好きな人が知りたいことをまとめるのもいいですし、自分がこれから解決したいと思っていることを、過程の発信をしながら進めるのも良いでしょう。

「発信してみたものの、全然伸びません！」という相談を数多くいただきますが、**端的に言うと、それはあんまり人の役に立っていないからです**。極端な話、見るだけで100万円得する情報を発信している人がいたら、絶対血眼でチェックしますもんね。

ちなみにもし本当に「絶対毎日100万円得しますよ！」という情報を発信している人がいたら、そいつは詐欺師なので速やかに逃げるようにしてください。

まずは自分の「好き」「得意」を発信する

さて、大前提を踏まえた上で、発信する内容を考えます。いろいろな手段がありますが、**最も簡単な発信は「好き」を発信することです**。

例えば、自分が好きな作品や人、キャラクター、グループ、もしくはジャンル全体の好きなことを事細かに語っている人がいたらどうでしょうか？　しかも自分の知らないことも、たくさん書いてある。

その人の発信、見たくありませんか？

そう、自分の好きなものを、誰かが語っている様子を見ることは楽しいのです。もしかしたら、好きなものに対する、自分になかった視点や知らなかった情報が手に入ったりするかもしれません。

「好き」の発信に「役に立つ要素」を加えてみる

「好きを思いっきり語る」時点で、同じものを好きな人たちには役に立っています。まずは最大限の語彙をもって、恥ずかしがらずに語るといいでしょう。

次のステップとして、さらに「役に立つ」要素を加えてみましょう。

役に立つ要素として一番手早く、簡単なのは「手間をかける」ことです。例えば、「より手間をかけて情報をまとめる」「より手間をかけて表現してみる」「より手間をかけて交流してみる」なんてアクションはおすすめです。それぞれ解説します。

①より手間をかけて情報をまとめる

最も簡単にできて、かつ確実に役に立てるのが、この「情報をまとめる」というアクションです。具体的には、

- **最新情報をいち早く掴んで要約してまとめてみる**
- **情報がわかりにくいのであれば、わかりやすく表にまとめてみる**
- **みんなの感想や考察などを、意見別や立場別にまとめてみる**

といった行動です。

この行動の良い点は、「面倒だけど、誰にでもできる」という点です。

もうひとつ利点を挙げるなら、それは「情報を発信している人のところに情報が集まる」という点です。いつもそこの情報を発信していると、他のファンの方々が「このイベント知ってますか？」「こんなのもあるので載せてください！」など、自分に情報を集約させてくれます。

他のファンのために情報をまとめるという行為をしていると、自分が最も詳しくなっていきます。これによって、自分の「好き」をもっと深めることにもつながります。

②より手間をかけて表現してみる

もしスキルがあるのであれば、

- **ファンアート**（既存の作品に触発されて作るイラストなど）**を描いてみる**
- **曲を作ってみる**
- **映像作品を作ってみる**
- **同人活動をしてみる**

といった、より「好き」を表現する活動につなげるのも良いでしょう。

こういった活動は、より多くの人にあなたの好きを認知してもらえます。もちろん著作権などのルールを守る前提ですが、公式からしても、そういった活動は嬉しいものです。自分の好きを、より手間をかけて表現してみましょう。

③より手間をかけて交流してみる

もし、つながりを作ったり、場を仕切るのが苦手でないのなら、

- **オンライン上でファンが交流できる企画をしてみる**
- **オフラインでのイベントを企画してみる**
- **公式のイベントに合わせて、盛り上がるような企画をしてみる**

といった、より交流を促す行動をしてみるのも良いでしょう。

1章でお話しした人間関係の構築という意味でも素晴らしいですし、「交流はしてみたいけど、どうしたらいいかわからない」と悩んでいる人も数多くいます。そんな人のために動くことで十分「役に立つ」ことができます。

そして「**交流を主催している人は、最も多くの人に認知される**」という利点がありま す。人数が増えれば増えるほど、参加者同士は全員のことを把握するのが難しいですが、主催者のことは絶対に把握するからです。必然的にその界隈での影響力が高まります。

好きの原動力はすさまじい

なぜ最初に「好き」を持ってきたかというと、「好きなことなら、人は頑張れる」からです。もっというと、「頑張ろうと思わなくても、勝手に頑張っちゃう」んです。

例えば、そこら辺を歩いている見知らぬ人のプロフィールを暗記しろ！と言われたら超苦痛ですが、大好きな漫画のキャラクターの情報は自然と覚えてしまうでしょう。

私の場合、暗記科目が超苦手で、世界史のテストで12点を取ったことがありますが、対戦で使われているポケモンカードのテキストはすべて覚えています。

この「好き」の力は侮れません。「好き」にはエネルギーが宿ります。

また、もうひとつ大切な「継続」という観点でもこの「好き」の力は大きいです。

情報発信で成果が出るまでには時間がかかることが多いため、全然見てもらえず、孤独を感じる期間もあるでしょう。そんなときに原動力となってくれるのが「好き」という気持ちなのです。

私のまわりにも様々な発信者がいますが、やはり原動力に「好き」がある人は強いです。瞬間瞬間では〝流行り〟を追いかけている人のほうが話題にはなるけれど、いずれ消えていってしまう人もやはり多いです。

そんな中、「好き」をベースに発信している人は全然いなくなりません。そして、「長く発信を続けている」ことそれ自体が信頼になり、より強固なポジションを作っていきます。

長く生き残っていきたいと考えるならなおさら、少なからず「好き」な要素を入れながら、発信をしていきましょう。

自分の「得意」を発信する

「得意」は「好き」と被っていることも多いですが、**得意というのは、誰かより「うまくできる」「苦もなくできる」ということ。**つまり、多くの人の役に立てるチャンスがあります。また、**得意なことはレベルアップをしていくことも楽しい**と思います。

得意をより伸ばしながら、同時にそこで学んだことや結果を共有すると喜ばれるでしょう。既にこの「得意」で実績がある人は、このあと紹介する「実績」の発信も意識してみてください。

「自分よりすごい人がいて……」を気にしなくていい理由

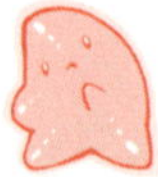

このように「好き」や「得意」の発信の話をすると、よくある相談がこちらです。

「自分より詳しい人がいるから、自分が発信しても意味がない」

「自分よりうまい人がいる、自分が発信しても意味がない」

結論として、そんなことは1ミリも気にする必要はありません。

そもそも「にわか」「素人」の発信にも価値はある

はい。価値があるので安心してください。この理由は簡単で、**いわゆる「にわか」「素人」の人にしかない視点があるから**です。**その視点は、すでにある程度、極めている人たちにはない**ものです。

例えばダイエットの方法を「今年は3kg痩せたい！」って人が教えてもらうとして、

・ミランダ・カーに教えてもらう
・去年5kgのダイエットに成功した人に教えてもらう

そこに大きな差はありません（いや、選べるならミランダ・カーに教わりたいけど）。

もちろん教わる人がモデルになりたいとか、既にボディメイクで日本一みたいな人なら、断然ミランダ・カーに教わるべきです。

でも、今回のように「今年は3kg痩せたい！」くらいの場合はどうでしょうか。

なんならミランダ・カーとかプロ過ぎて、運動も食事制限もせずに痩せたい人の気持ちとかわかりません。

躓《つまず》くところも、そのときの気持ちも、最近痩せた人のほうが絶対わかります。

技術的な話をすればミランダ・カーには適わなくても、**「にわか」「素人」だからこそ、同じような「初心者」の人たちに寄り添った「刺さる」コンテンツを書くことができます。「玄人」「上級者」の人たちが「こんなこと言わなくてもわかるでしょ？」と飛ばしてしまうところでも、最近実際に躓いたあなたは同じような人に教えてあげられます。**

にわか、素人だからこそできる発信があります。臆せず初心者たちの役に立ってください。

伝える層が変われば、最適な発信も変わる

特定のテーマで発信するときも、その対象者によって内容は変わります。**男性相手？女性相手？年齢は？小中学生？社会人？お年寄り？職種は？そもそも働いている？……と、相当細かくターゲットを分けることができます。**

例えば、年間1000本の映画を見る、映画博士みたいな発信者がいるとしましょう。

・自分が映画好きなアラサー女性なら……アラサー女性の心に刺さるおすすめ恋愛映画
・自分が映画にハマってるサッカー部の男子高校生なら……学生向けのおすすめスポーツ映画
・自分が60歳で最近映画にハマったなら……60代から楽しめるおすすめのヒューマン映画

などのテーマであれば、その漫画博士より喜ばれる発信をすることが可能です。

このように、**伝える層が変われば、刺さる内容も変わってきます**。

自分より詳しい玄人のあの人でも、すべての分野をカバーすることは不可能です。伝えたい層を想像して発信していきましょう。

自分の「実績」と「商品」を発信する

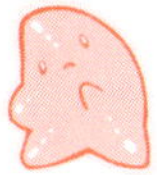

ここまでは、主にゼロから情報発信を始める人向けに解説をしてきましたが、もしかしたら既に発信をしている人や、実績を持っている人もいるかもしれません。そんな方におすすめなのが、**「自分の実績や商品をキチンと発信する」**ということです。

クリエイター気質の方や、趣味を仕事にしたいと思っているのにうまくお金にできないという方は、ここができてないケースがとても多いです。**すごく良いスキルや能力を持っているのに、それが伝わってないがゆえに、お金になっていない。これは、本当にもったいないこと**です。

極端な例を出すと、おいしそうなラーメンの匂いがしているからって、そこら辺のマンションの一室のインターホンを押して、「あのー、今作っているラーメン、食えますか？」って突撃しないですよね（普通に通報されます）。

「ここはラーメン屋」とはっきりわかっていて、「この金額を払えばこのラーメンが食べられる」ということがわかっているからこそ、私たちはラーメンを注文します。ラーメン屋でたとえたら当たり前なのに、ビジネスではそんな当たり前なことすらしていない人が少なくありません。

あなたは何屋さんで、いくらお金を払うと、どんなことを提供してくれるのか。

これは必ず明確にしておきましょう。「お仕事依頼はDMで！」としか書いていないのも、とてももったいないです。

あえて絞りたいという場合はもちろんOKですが、先ほどのラーメン屋にたとえると、それは「連絡してくれたら、メニュー表お出しします！」と言っている状態です。よっぽど他の人からの評判が良かったり、誰かの紹介でもない限り、そんなラーメン屋をあえて選ばないですよね。これと同じことが、SNS上でのビジネスでは頻繁に起こっています。

- **第三者から見てもわかるように、自分はこんなことができる人だとアピールする**
- **この金額で、こんなことができると、メニューをしっかり掲示する**
- **過去、実際に作った成果物を掲示する**
- **それらを納品したお客様の声があれば掲載する**

実績と商品の紹介例

hitodeblog のサイドバーに記載の内容

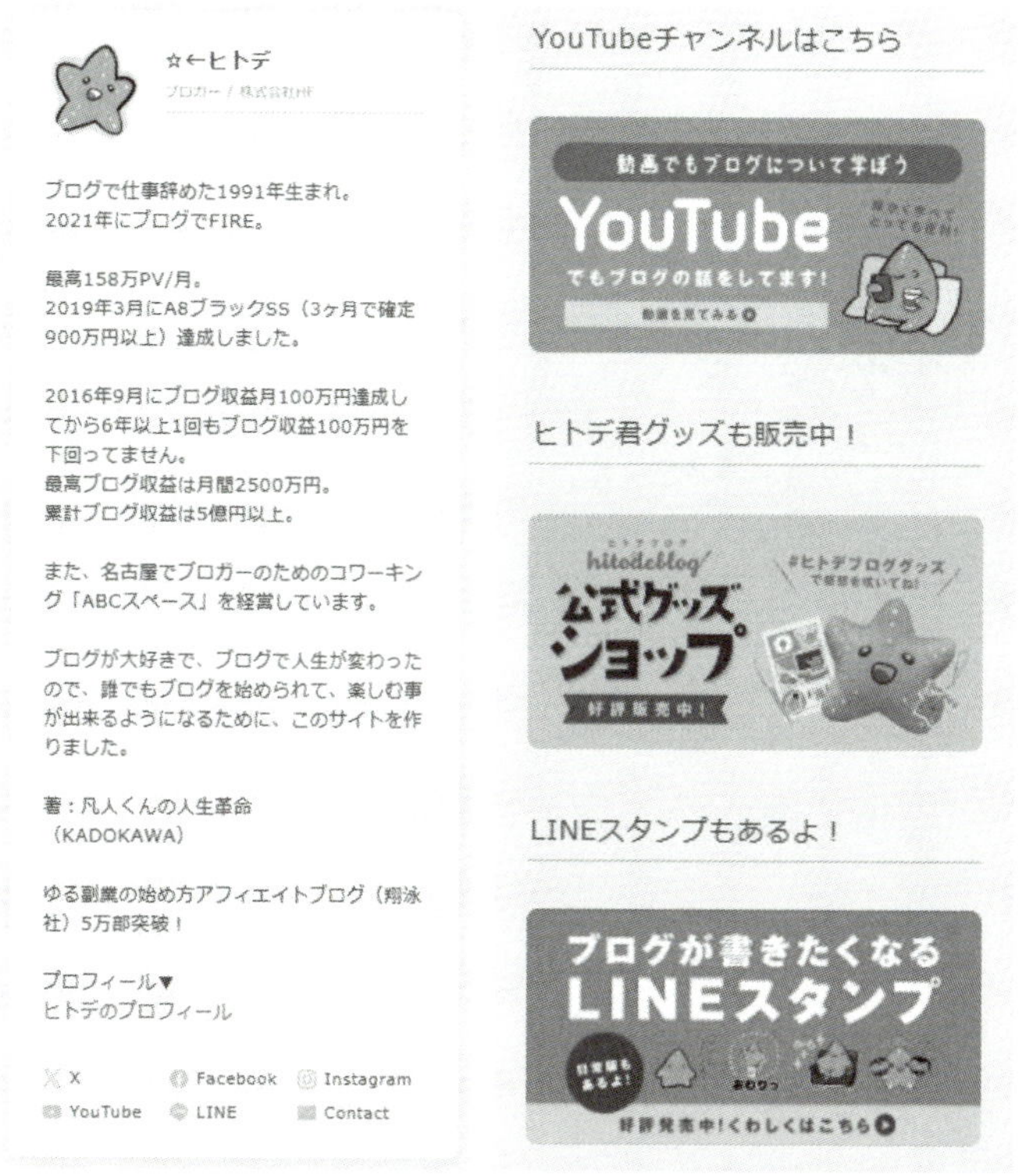
☆←ヒトデ
ブロガー / 株式会社HF
ブログで仕事辞めた1991年生まれ。
2021年にブログでFIRE。
最高158万PV/月。
2019年3月にA8ブラックSS（3ヶ月で確定900万円以上）達成しました。
2016年9月にブログ収益月100万円達成してから6年以上1回もブログ収益100万円を下回ってません。
最高ブログ収益は月間2500万円。
累計ブログ収益は5億円以上。
また、名古屋でブロガーのためのコワーキング「ABCスペース」を経営しています。
ブログが大好きで、ブログで人生が変わったので、誰でもブログを始められて、楽しむ事が出来るようになるために、このサイトを作りました。
著：凡人くんの人生革命
（KADOKAWA）
ゆる副業の始め方アフィエイトブログ（翔泳社）5万部突破！
プロフィール▼
ヒトデのプロフィール
X
Facebook
Instagram
YouTube
LINE
Contact
YouTubeチャンネルはこちら
でもブログについて学ぼう
YouTube
でもブログの話をしてます！
ヒトデ君グッズも販売中！
hitodeblog
#ヒトデブログググッズ
公式グッズショップ
好評販売中！
LINEスタンプもあるよ！
ブログが書きたくなる
LINEスタンプ
好評発売中！くわしくはこちら

これだけで、あなたが自分の好きなことで食える確率はグッと上がります。特にクリエイターの方や、趣味をお金にしたい方は、意識してみてください。

「成果物のクオリティ」と「見せ方」は、どちらも非常に重要です。今自分に足りていないのはどちらか考えて、レベルアップさせていきましょう。

動き出すのが大事。はじめは適当でいい

とにかくやってみようよ、と言うと、たくさんの言い訳が聞こえてきます。

「でも、自分の商品なんて買う人いるのかな？」

「値段はいくらにしたら買ってもらえるの？」

「お客さんが来なかったらどうするの？」

これらの質問への答えはとっても簡単。

「いいから、いったんやってみなはれ」

これに尽きます。だって、考えてもわからないから（ちなみに、なんで関西弁になったのかもわかりません）。

すぐに人が来るかもしれないし、来ないかもしれない。安すぎて殺到するかもしれないし、高すぎて来ないかもしれない。

ここでのポイントは、**ぶっちゃけ正解なんてない**ということです。

これが、ビジネスと学校の勉強との大きな違いです。**真面目な人ほど「正解」を欲しがりますが、ビジネスの世界では正解が常に変化します**。市場の状況により、需要と供給は変わります。需給が変われば、当然値段も変わります。

そんな中、何の経験もない素人が、完璧な商品を完璧な値づけで提供できたら、普通に怖くないですか？　もしそれができるなら天才なので、即起業するか官僚とかになってください。

つまり、ほとんどの人は、そんなことはできません。だからこそ、まずは適当でもいいんです。出せると思う商品を、簡単にココナラとかで相場を調べて、ちょっと安めに出してみればいいんです。

注文がいっぱい来るなら値上げしたらいいし、来ないなら値下げしてもいい。商品の内容だって、皆の声を聞きながら変更したり追加したりすればいい。

はじめから100点を目指すのではなく、段々と100点にしていきましょう。

自分の「挑戦（の過程）」を発信する

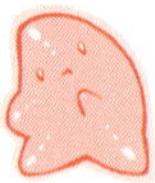

応用編として「挑戦を発信する」という方法もあります。何かを頑張る過程を発信していく、というものです。これは、特に**まだ何者でもない、これから頑張りたい人におすすめの方法**です。

この挑戦の発信には、**「自分を応援してくれる人が増える」「信頼を積み重ねることができる」**などの魅力があります。詳しく解説します。

自分を応援してくれる人が増える

挑戦の過程を追っていた人（読者や視聴者）は、発信者がその挑戦で実際に何かを成し遂げたとき、ちょっとしたドラマを見ているような気分でとても嬉しくなります。これはいわゆる「ファン」の状態と近いです。

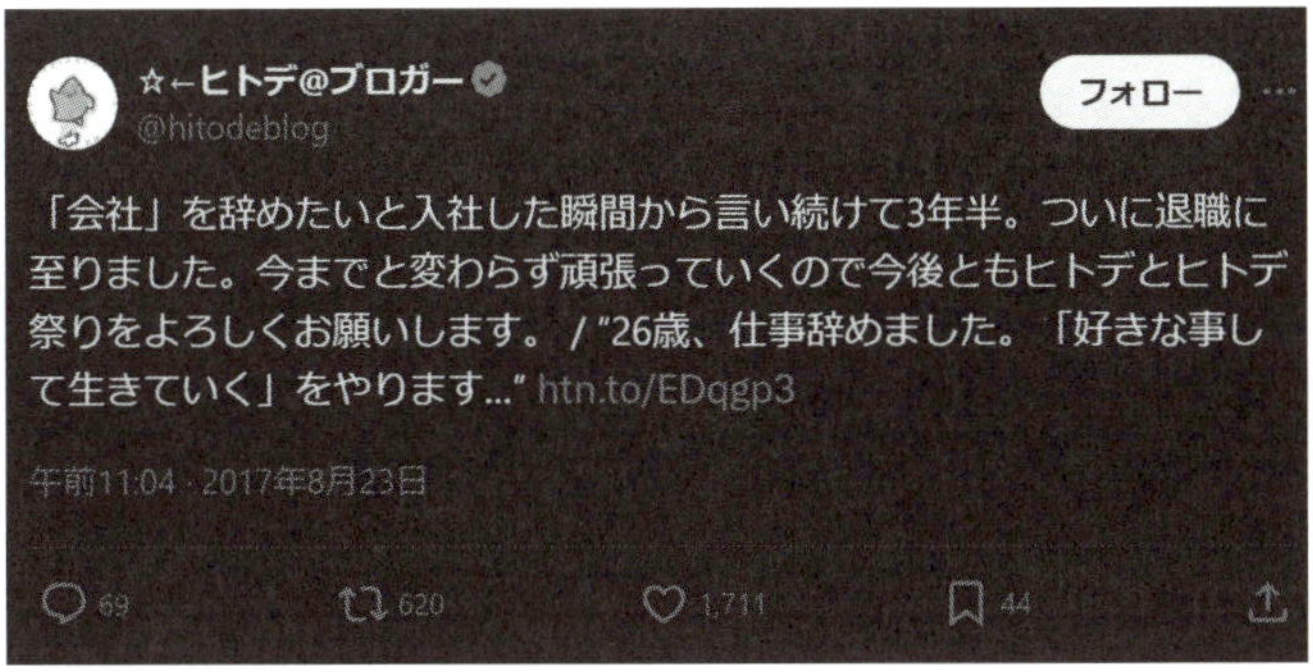

欲しいものリストとか公開していたら、お祝いを送りたくなっちゃうし、その様子を発信していたら拡散も手伝いたくなっちゃいます。

そんな気分になるのは、その人のことを「応援」しているからです。

この**「応援」は、結果だけ出しても得られません。日々の過程の発信があるからこそ、目標を成し遂げたときに大きな反響を生みます。**

実例として、私はずっと「会社辞めたい〜〜〜！」というようなことを発信しており、そのために当時はブログの運営を頑張っていました。その結果、実際にブログで成果を上げて退職に至った際に書いた記事が、多く拡散されました（620RT／上図）。

ブログを何年も続けて、毎日「仕事辞めたい、つらい」とか言い続けていた自分が、ついにブログで仕事を辞められるようになったことで、多くの人が「応援」してくれました。

その過程を発信せずに同じ記事をアップしていたとしても、間違いなくこんな風な反響は生まれなかったでしょう。

目標達成のための「過程」発信の価値は大きい

「応援される！」ってこと以外にも「過程」の発信には魅力があるので、もう少し書かせてください！　ポイントは次の2つです。

①目標を達成したい人が知りたいのは、「結果」ではなく「過程」

もうこれに尽きます。

例えば、「YouTubeのチャンネル登録者数10万人！」という目標を立てている人がいたとします。そんな人が見たいコンテンツはどちらでしょうか？

・「僕って10万人登録者がいるんですよ！　すごいでしょ！」
・「登録者数10万人を達成するために、自分がしてきたこと全部まとめました」

言うまでもなく断然、後者ですよね。前者とかただの自慢ですもん。

もしも今、自分がまだ登録者100人しかいなかったら、「10万人の人の話とかいきなり聞いてもなぁ……」って思いますよね。

でも、例えばこんな記事が、その人のブログにあったらどうでしょうか？

登録者数10人を達成！　まずは身内に見てもらおう！
登録者数100人を達成！　毎日更新は偉大！
登録者数1000人を達成！　初めてのバズを起こすためにやった施策を公開
登録者数10000人を達成！　視聴維持率をとにかく上げるためにやったことを全公開
登録者数50000人を達成！　結局サムネイルが一番大事。クリック率を改善するためにやったこと
登録者数100000人を達成！　世界観を壊さないままマスに接続していく方法

めちゃくちゃ読みたくないですか⁉

とりあえず、1000人を達成するまでにやったことが気になりますよね？

その後、**どんな風にステップアップしていったのか、どのような思考回路でそこまでたどり着いたのか。そういった過程が残っている発信には、たいへん魅力があります。**

過去の情報なので古い部分もあるかもしれませんが、それでも参考になる部分はあるはずです。

「登録者10万人！　おーすげー！」

と思う人は間違いなくいますが、参考にしたいのは完全に「その過程」にあります。

②「過程」をしっかり発信している人は信頼度が段違い

続いてもうひとつの価値、「過程の発信による信頼度」についてお話しします。

例えば、次のどちらが信頼できるでしょうか。

・「1000万円の借金を返した！」と突然言い出した人

・「1000万円の借金を返すぞ！」と2年前からSNSやブログで発信していて、その過程がすべて残っており、現在残り200万円という人

もう言うまでもなく後者ですよね。

単純に、前者はそもそも本当かどうか知りようがありません。

もちろん後者も嘘をついている可能性はありますが、さすがに1年も2年もそのためだけにブログやSNSで嘘をつき続けるのは大変ですし、どこかで矛盾が生じます（そして、1年も2年も見ていれば、本当か嘘かは大体わかります）。

つまり、**「達成するまで」の過程を発信している人は、いざ成功したときに「俺は今までこんな風にやってきたんだぜ！」と言えるだけのものが残っており、それが、新しく見た人たちからの信頼につながります。**

成功するまでの「過程」が残っているからこそ、あなたやあなたの発信は、信頼を積み重ねることができます。

過程を発信するときの注意点

良いことばかりをお伝えしましたが、ひとつ注意点があります。それは、過程の発信をしている最中は、基本的にあまり注目されない、ということです。なぜなら、その時点ではまだなんの役にも立っていないからです。

過程の発信が人の役に立ちはじめるのは、挑戦を長く継続して、少しでも効果が出はじめたときです。

ある程度、成果が出はじめると、「本当にゼロから始めた人がここまでいけるなら、自分もやってみたい」「毎日頑張ってるのを見て勇気づけられた」と思う人が現れます。逆に言うと、そうなるまでは特に誰の役にも立たない、ということです。

過程の発信は「その挑戦を成し遂げたとき」にめちゃくちゃ効果があるものなので、「過程の発信さえしていれば、フォロワーが増えて稼げる！」と勘違いしないように気をつけてください。

発信の「コンセプト」を考えてみよう

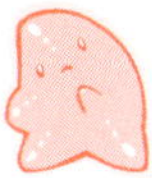

しっかりと見られる発信をしていきたいのであれば、「コンセプト」がすごく重要です。コンセプトといっても難しく考える必要はなく、要するにあなたの発信を、

・**どんな人に見てほしくて**
・**その人にどうなってほしいのか**

を考え抜くことが重要になります。
すぐに決めきるのは難しいかもしれませんが、最終的にはとても重要になる部分です。
仮でもいいので、必ずコンセプトを設定しましょう。

具体例を挙げると、例えば私の場合はブロガー向けの情報をどんどん無料で出して、

・初心者ブロガーが（誰に）
・ゼロから始められて、収益をあげられるようになる（どうなってほしい）

というコンセプトで発信を続けてきました。そうすることで、まさに「初心者がブログを始めるなら、ヒトデの発信をまず見たほうがいい」と思ってもらえるようになり、大きな影響力を得られるようになりました。

価値観からコンセプトを決める

このコンセプトを決めるとき、1章で紹介したマップの「好き」や「得意」を見るのはもちろんなのですが、意外と忘れてはならないのが「価値観」です。

価値観を深掘りすることで、コンセプトが見えてきます。

例えば次ページの図のように深掘っていくと、同じ「筋トレ」でも全然目的が違うことがわかります。筋トレして「モテたい」人と「健康になりたい」人では、刺さる発信は間違いなく違いますよね。

コンセプトを決めるときの深掘りの例

「筋トレ」の価値観を深掘りする場合

Q なぜ筋トレを頑張るの？

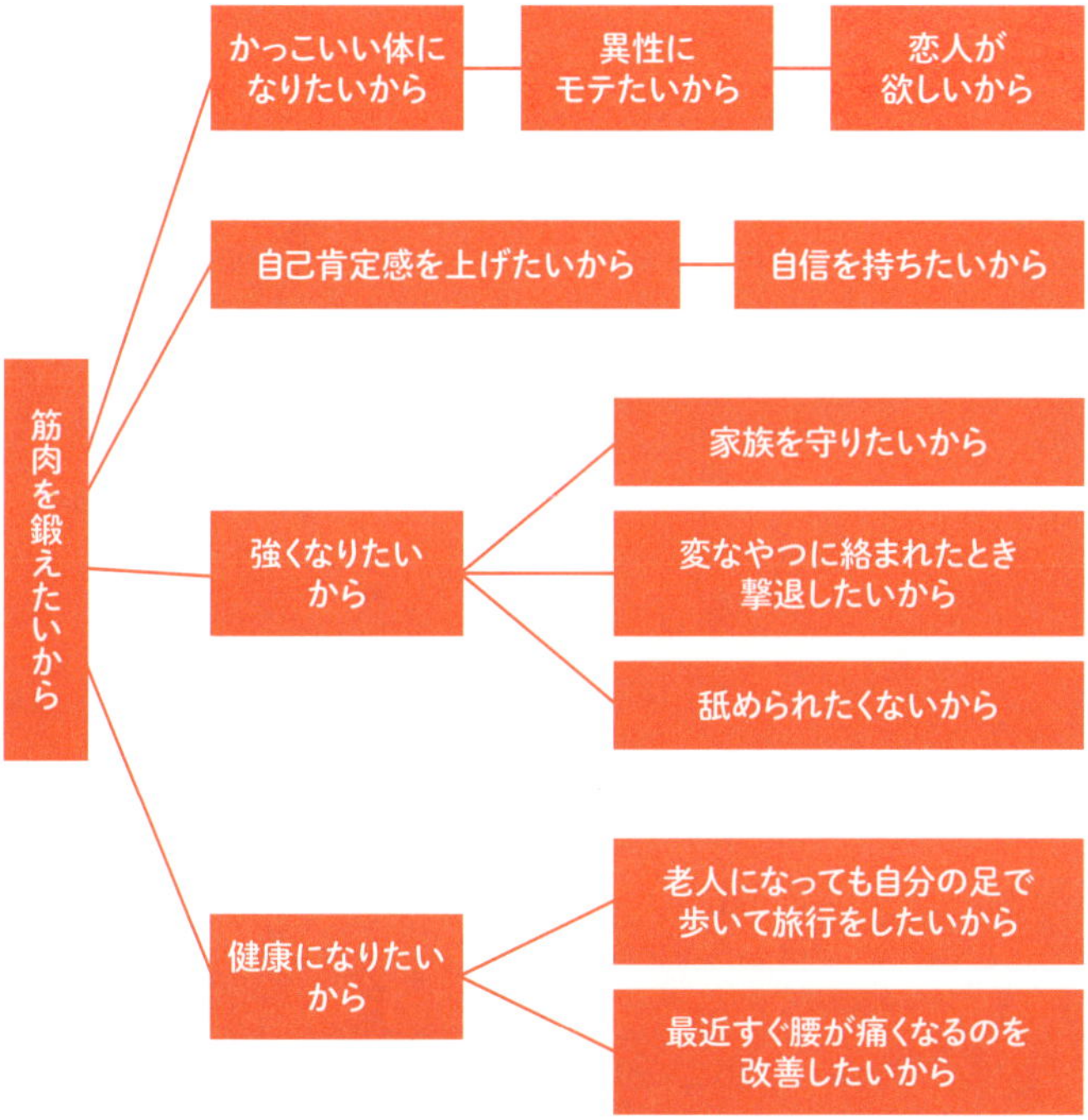
筋肉を鍛えたいから
かっこいい体になりたいから
異性にモテたいから
恋人が欲しいから
自己肯定感を上げげたいから
自信を持ちたいから
強くなりたいから
家族を守りたいから
変なやつに絡まれたとき撃退したいから
舐められたくないから
健康になりたいから
老人になっても自分の足で歩いて旅行をしたいから
最近すぐ腰が痛くなるのを改善したいから

「なぜ?」を繰り返して、回答を深掘りしていくここが**深掘りできていれば、書く内容も自然と洗練されていきますし、それが競合との差別化ポイントになります。**

このように価値観を深掘りして決めていくメリットは他にもあり、

- **読者の気持ちがめっちゃわかるので、共感が容易**
- **価値観ベースで発信のジャンル決めをしている人は少ないので、差別化も容易**
- **自分だけの個性が出る**
- **自分の価値観に沿った内容なので、モチベーションも湧きやすい**

……と、いいことずくめです。

ぜひ、複数回の「なぜ？」を用いて、価値観を深掘りしていきましょう。これをやれている発信者は少ないので、やるだけで頭ひとつ抜けることができます。

キャラは作ったほうがいい？

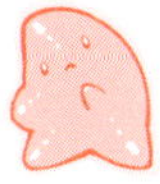

よくいただく相談の内容に「発信するとき、キャラ作りをしたほうがいいか」というものがあります。例えば、「自分はあまり明るい性格ではないけれど、みんなから親しまれるようにキャラ作りした方がいいでしょうか？」というような相談です。

結論としては、**無理なキャラ作りはしないほうがいい**です。なぜなら、発信が続かなくなるからです。

冷静に考えてほしいのですが、**「本当の自分とは違う存在」を演じ続けるのって、めちゃくちゃ疲れる**と思いませんか？　本当は暗いのに、「明るいキャラ」として演じ続けないといけない。その反対もですが、これはなかなかハードです。

そして、もっとハードなのが「それでうまくいってしまった場合」です。

もし運良くうまくいったとしても、人気なのはあなたではなく「あなたとは別の性格の作られたキャラ」です。そのキャラで人気が出てしまった以上、もうキャラ変更はできません。

つまり、その後ずーーっと、本当の自分とは違うキャラクターを演じ続けないといけなくなります。そんなの普通にしんどいですよね。実際、自分自身と発信しているキャラとのギャップに苦しんで、更新が止まってしまう人もチラホラ見かけます。

できる限り、等身大の自分で向き合うようにしましょう。

そして、もうひとつ忘れないでほしいのは、明るかろうと、明るくなかろうと、素のあなたにはちゃんと魅力がある、ということです。

明るい性格じゃないことに悩んでいる人が、キャラ作りをうまく続けられたとして、本当に明るい性格で発信するのが正解でしょうか？　もちろん世間的には明るくて、社交的な人が評価されます。でも、世の中そんな人ばかりではありません。

暗くて、まったく社交的ではなくて、うまくいく方法を知りたいという人はいくらでもいます。そんな人が不器用ながらもなんとかやっている様子に勇気づけられる人も多いでしょう。明るくない、素の自分だからこそ、刺さる発信をすることができます。

右記は一例ですが、**発信の世界では、弱みも「武器のひとつ」**です。わざわざ持っている武器を捨てずに、自分のもてる力をすべて使って戦っていきましょう。

3章

ココが大変だよ発信者！

～陥りやすい注意点

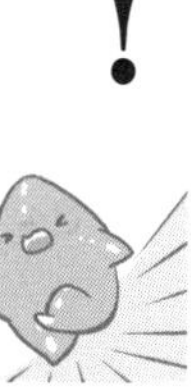

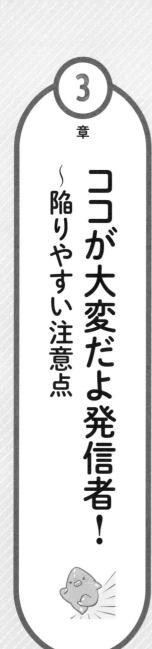

批判・誹謗中傷との向き合い方

情報発信をしていて、ある程度有名になるとどうしても避けられないのが「誹謗《ひぼう》中傷」です。これをきっかけに発信が怖くなり、止めてしまう人がいたり、そもそも批判が怖くて発信ができないという人もいるので、ここでは批判や誹謗中傷との向き合い方について解説します。

おそらく、初心者のうちはあまり気にしなくていい部分ではありますが、ＳＮＳをやっている方には無関係な話ではないと思います。また、批判や誹謗中傷を過剰に恐れて、素晴らしい発信をしてきた人たちがいなくなってしまうのを何度も見てきて、とても悲しく思っているので、少し手厚めに説明させてください。

「全人類に受け入れられる発信は存在しない」のが前提

小さなコミュニティであれば、全員が納得のいく発言だけをし続けることは可能かもしれませんが、Ｗｅｂで発信する場合、対象は世界中のインターネットをしている人全員です。**住んでいる場所、年齢、置かれている立場、精神状態など何もかもが異なる、様々な人があなたの発信を見ます**。

そんな中、全員に受け入れられるような発信をすることは不可能です。

例えば「りんごは美味しい」と発言したとします。一見、何の問題もない発言ですが、これに対して、

「いや、ブドウの方が美味しいだろ」

「私はりんごって好きじゃないです」

みたいな発言がやってくるのがインターネットです。

さらに悪化すると、「ナシのことをバカにしてるんですか？」「王林も食べずにりんごの美味しさ語るとかニワカかよ」「はいはい、りんごを買えるくらい家計に余裕があっていいですね。私は半額の弁当で精一杯です」「あなたは軽率に美味しいと言いますが、りんごアレルギーでりんごを食べられない人の気持ちを考えて投稿してください。不快です」といった意見だって来ます。

さて、これらすべてに配慮した発信をするとこうなります。

「それぞれの好みだから一概には言えないし、専門家じゃないから本当に一個人の意見なんだけれど、私はりんごが美味しいと思う。※他のフルーツが悪いというわけではなく、あくまでも本日偶然食べたりんごが美味しかった話です。※りんごアレルギーで食べられない人は、もし不快に思ったら申し訳ございません」

そして、もし本当にこのような投稿をしたら、きっとこんな反応が返ってくるでしょう。

「長ったらしくてウザいです」

「そもそも争わない」ことが大切

どうあがいても、全員に受け入れられないということは理解していただけたでしょうか？ **先ほどの例を極端に思った方もいるかもしれませんが、実際にこれと同じようなことはインターネット上でたくさん起きています。**

では、そんな中で自分たちのような発信者が生き残っていくために大切なことは何か。

それは、**何よりもまず「争わない」**ということです。

自分の発信した意図と違うところで批判的なことを言われると、つい言い返したくなってしまいます。しかも、こういうことを言う人はたいてい、誹謗中傷をセットで行ってきます。

先ほどの例だと、「りんごは美味しい」と言っただけなのに、「はいはい、りんごを買えるくらい家計に余裕があっていいですね。私は半額の弁当で精一杯です。昔と違って今では有名人になって庶民感覚を忘れてしまったんでしょうね」と言われたら、つい言い返したくなってしまいますよね。

こんな風に言い返したとしましょう。

「いや、別にりんご美味しいって言ってるだけで、家計の話はしてないんだけど。有名人になったからっていうか、普通にりんごも買えない方がヤバい。稼ぐ努力したら？」

はい、炎上です。今度はこの返信にあらゆる角度から返信が飛んできます。「有名人だからって、一般人を批判している」「貧乏人を差別してる」「リンゴも買えない私のような人は、あなたにとって〝ヤバい〟なんですね。幻滅しました」「環境によって努力できない人もいるんですよ？」

それぞれにまた返信をしていたら、またその返信にあらゆる角度から返信が飛んできて……と、キリがありません。**四方八方から、自分が言っている意図と全然関係ないことへの批判が、誹謗中傷付きで飛んでくる。この状態は、非常に消耗します。**

もしかしたらオーバーに思われたかもしれませんが、これが現実です。世のインフルエンサーの多くはこの地獄と隣り合わせです。

そんな地獄の状態を避けるために、「争わない」ことが大事なのです。**「反論をしない」**と言ってもいいかもしれません。

相手がおかしいのに、おとなしく殴られろってこと!?と驚かれた方、いらっしゃると思います。お答えしますと、その通りです。発信者って、大変ですよね。

言い返したくなっても、最善手は「無視」です。もしくは「いいね」だけつけておけばOKです。その理由は、反論することにはマイナスしかないからです。

万が一、完璧に論破できたとしても何も良いことはないと覚えておいてください。

論破された相手は、基本的にあなたのことが嫌いになります。漫画のように「あんた、つええな……！　完全に負けたぜ！　弟子にしてくれ、アニキ！」なんてことにはなりません。普通にあなたのことを超嫌いになるだけです。逆恨みして、この先、何らかの方法で足を引っ張ろうとしてくるかもしれません。

尖ったブランディングなら反論はあり？

もちろん、キレキレの発言で次々と切り倒すことで「論破していてカッコイイ！」と思うファンをつける方向性も存在します。例えば一貫して、

「稼げてないのはすべて努力不足、稼ぎたいなら鬼のように努力しろ」

という発信の軸をブラさない場合。

「環境によって努力できない人もいる！」と言われたら、「その環境を作ることだって努力！　今の環境が悪いことを行動できない理由にするのはただの甘え」と切り返したり、「自分は病気がある中で毎日これだけの行動をしているのに、成果が出ないなら努力不足になっちゃうんですね」と突っかかってくる人に、「その通り！　あなたのはただの自己満足で、努力とは言えない」と切り返したりします。

発言に妥当性があれば、「その通り！」とファンが増える一方で、発言が過激であればあるほど、反論してくる人が増えていきます。

そして、発言が尖れば尖るほど賛否両論を生むので、注目度という意味では上がっていきます。もっと過激になって「月収20万円以下の男に生きてる価値はない」などと発言すれば、より大きな反響を生むでしょう。

尖ったブランディングありきで、そういった状況に身を置いても自分の心がまったく傷つかないような人は、その方向性もなしではありません。

ただ、やはりおすすめはできません。私のこれまでの経験上、図太そうに見えた人でも、実際はダメージを受けていて、突然活動休止になったことも多いです。

また、そういった方は企業から見たときに扱いづらく、スケールの大きな仕事がしたいという欠点もあります。つまり、せっかくアカウントが伸びていっても、収益化をする際に伸び悩むケースが多いのです。

事実として、広告主側から「炎上のリスクがあるので、必ずSNSはチェックします」というようなお話をこれまでに何度も聞いたことがあります。

また、争いによって「ヤバい人」に遭遇してしまうリスクも跳ね上がります。良くも悪くも「ありとあらゆる人」に届いてしまうのがインターネットを使った発信です。残念ですが、その中には自分の常識では考えられない、まともではない人もたくさんいます。実際に、ネットでの言い争いや、逆恨みをきっかけに起きた殺人事件も存在します。

そこまでいかなくても、ストーカー化したり、アップしている写真から住所を特定されて、嫌がらせを受けるような事件も多数起きています。そういった人とぶつかるリスクを避けるためにも、ネット上で争うのは極力やめておきましょう。

ミュート・非表示などの機能を効果的に使う

ネット上の「とんでもない」人のパターンにも様々ありますが、特に厄介なのが粘着してくる人です。自分の全動画に悪口コメント、全ポストに悪口リプライ。そんなヤバい人が実在します。

いくら相手にしないと思っても、できれば精神衛生上、そうした発言は見たくはないはずです。もう物理的に見ないに限ります。

そこで**役に立つのが「ミュート（Xやインスタ）」「非表示（YouTubeコメント）」などの機能**です。私もこの機能にはとてもお世話になっています。私の場合、「ブロック機能」のような、相手に非表示にしていることが伝わる機能は、謎に逆上されて面倒なので、あまり使いません。

とにかく自分の視界や脳のリソースから消すことが重要です。

「でも、非表示だと、あることないこと書かれ続けるし、それを信用した人がいると自分の評判が落ちるのでは？」と不安に思うかもしれませんが、大丈夫です。ほとんどの人は、匿名の根も葉もない悪口より、あなた自身のことを信用しています。それをわざわざ信用するのはあなたを陥れたい人くらいでしょう。逆にそういう人は警戒してください。

もちろん、一線を越えている場合は法的措置を検討するのもありです。ただ、コスパが悪いですし、その時間を自分の発信を楽しみにしてくれる人たちに使うほうが有意義なので、**基本はミュート、非表示で対応する**ことをおすすめします。

批判には耳を傾けるべきか

このように、基本的に喧嘩をせずに、ミュートや非表示を使う方針でいると、こんな風に言われることがあります。

「批判に耳を傾けないのはおかしい！」

「批判と批難（誹謗中傷）は違うだろ‼」

この主張はごもっともなんですが、正直致し方ないと私は思っています。なぜならそういう意見の中で、**本当に価値ある批判をしてくれるのって500人中1人とかなの**

で、普通にコスパが悪すぎるんです。ぶっちゃけ、たいてい悪口ですからね。

たま〜〜〜に役に立つ発言もあるかもしれませんが、それを探すために誹謗中傷を受けて傷つきながら、全部を精査なんてしていられません。というか、本当に伝えたいことがあるなら、相手に伝わる言い方を考えようよ、って思います。文章力低いかよ。

だからといって、**批判的意見はすべて無視していいというわけではありません。ただ、そういうのはちゃんと伝えてくれる人、もしくは自分が信頼できる人の話だけ聞いておけばいい**のであって、匿名の悪口付きのコメントに求めなくてもOKです。

本当に自分のことを想って意見してくれているとしたら、直接またはDMなどのクローズドな場所で伝えれば済む話ですよね。わざわざ大々的にSNS上やブログ・動画のコメント欄などで、不特定多数に対して伝えるということは、

「いろいろな人を巻き込んで相手を攻撃したいんだなぁ」

「これを機会に、数字を伸ばしたり、自分の知名度や好感度を上げたいんだなぁ」

と思ってしまいます。

つまり、「批判的な意見も受け入れろ」という発言には一理ありますが、それは信頼できる人から受け取ればいいだけです。逆にいうと、**信頼できる人に直接言われたなら、どんなに頭に血が上っていても一度考えたほうがいい**ということですね。

炎上してしまったらどうする？

りんごの例で少し触れましたが、「炎上」も発信者のリスクとして知っておいたほうがいいことです。これも、ここまでお話ししてきた誹謗中傷などの延長線上にあります。

炎上しないために、最も知っておくべき考え方は、

「信じられないほど様々な立場の人がいるのが、情報発信の世界」

ということです。この想像力をできる限り持ちましょう。自分のまわりにはいないような人たちが、良くも悪くもネット上には無数に存在します。

私は自分自身が発信者ということもあり、この本ではかなり発信者側に寄った発言をしてきました。でも事実として、炎上したり、誹謗中傷が起きるということは、自分の発信が誰かの癪《しゃく》に障った、または誰かを傷つけたということでもあります。

そして、その範囲が広がりすぎると、いわゆる「炎上」と呼ばれる状態になります。

「こんな発言をすると、この立場の人は傷つくかもしれない」という想像力を持つことは忘れないようにしたいものです。意識的に「人を傷つけない」と決めるだけでも、かなりの炎上は防げます。

ただ、すべてに配慮すると、前述したようなわけのわからない発信になるのもまた事

実なので、**自分の主張したいこと、信念や価値観とバランスを取りましょう**。

そして、もし自分の意図しない解釈によって多くの批判が殺到したのであれば、

・傷つける意図はなかったこと

・自分がその思考に至らず未熟だったこと

を伝えて、素直に謝罪するのが良いです。反論バトルをしても良いことがないのは前述した通りです。

また、特定の誰かとのトラブルであれば、当事者同士で話し合うのが得策です。わざわざSNSで攻撃したり、動画を作ったりする必要は一切ありません。そんなことをしても、収束どころかあらゆる場面を切り取られて、また過熱するだけです。ネットで喧嘩をしない意識を持つだけで、かなりの炎上は未然に防ぐことができます。

言葉というのは不思議なもので、たった一言で心に深い傷を負うこともあれば、反対に人を癒やすこともあります。情報発信というのはこの「言葉」を扱うものです。もし、それでお金を稼ぐのであれば、あなたは「言葉のプロ」と言えます。

様々な立場に立って、できる限り、人の気持ちをプラス方向にしたいものですね。

プロ意識を持って、言葉を扱うようにしていきましょう。

決して他人ごとではない！　詐欺に注意

少し違う目線の注意点なのですが、意外と多いのが「詐欺」です。

私がよく見ているブログ界隈では、突然「ブログを教えますよ」とＤＭが送られてきて、教えてくれると思ったら、30万円のコンサルや教材のセールスが始まり、でも親切に相談に乗ってくれたから断りきれなくて契約……という、地獄みたいなことが実際に起こっていました。

酷い場合、「どうせ3カ月後には稼げるようになるんだから、消費者金融で借りればいい」などと言って売り込んでくる人もいます。怖すぎです。人の心とかないんか？

そういった**初心者を相手にした「教えます」詐欺は多い**です。

よくある手順としては、次のような流れです。

1「仲良くしてください」のような、普通のＤＭが来る

2 何回かやりとりをしているうちに「副業の相談に乗りますよ」などと言われる

3　直接話そうと言われる（ここでＬＩＮＥなどに誘導されるケースもある）
4　直接話すと、段々と数十万円するコンサルやスクールなどの勧誘が始まる

コンサルやスクール自体を否定したいわけではないのですが、初心者を狙い撃ちにして売り込みに来るような輩は、シンプルに悪質なケースが多いです。

ネットでの**情報発信は基本的に元手がほとんどかからず、ビジネスという面で見て優秀**です。しかし、**初期費用としてコンサルやスクールに何十万円も払うと、その利点は消えてなくなります**。

そして彼らは高額商品を売りつけるプロで、それに命をかけているので、セールスがうまいです。こちらが欲しい言葉を巧みに伝えてきます。

「多くの人が稼げないのは、『やり方』を知らないから。その秘密のやり方を教えます」

「失敗したら怖いよね？　私のスクールに入れば最短距離でうまくいくよ」

「成功者は必ず自己投資しているよ」

など。

でも、ほとんどの人は何十万円、下手すれば１００万円という大金を払っても、まったく成功できないまま終わります。私のもとにもすごくたくさんの相談が来ます。

すべてのスクールやコンサルが駄目とは言いませんが、良し悪しが判断できないものに大金を突っ込むのは絶対におすすめしません。今の世の中は無料でも情報が溢れかえっていますし、本のような信頼性の高いコンテンツも1000円台で売っています。ラクして儲かるという話には必ず裏があります。詐欺には本当に気をつけてください。

お金を第一に考えると必ず失敗する

はっきり言って、情報発信はお金になります。このあとお伝えする発信方法や収益化の方法を押さえれば、なおさらその確率は上がるでしょう。

しかし、「お金を第一に考えていると失敗する」ということを覚えておいてください。誤解のないように補足すると、情報発信でお金を稼ぐのは何も悪いことではありません。良くないのは、「お金を稼ぐことに夢中になりすぎて、信頼を失うこと」です。

情報発信は「信頼がすべて」と言っても過言ではありません。「この人の言うことは信頼できる」と多くの人が思ってくれるからこそ、影響力が増して、その結果お金にもつながります。

にもかかわらず、よく犯してしまう間違いとして、「信頼を犠牲にして、お金を稼ごうとしてしまう」ことがあります。

その最も極端な例は詐欺です。前項とは逆に、自分が人を騙してしまうパターンです。具体的には、多くの人から信頼を得ていることを元にお金を集めて、そのままアカウントを全部消して逃亡するというケースなど。特に、投資や仮想通貨の界隈では、実際にこういった事件が起こっています。


そこまで露骨ではなくても、高額な報酬に釣られて、怪しい案件をフォロワーさんに紹介してしまい、信頼を失うようなケースが散見されています。

「短期的には、信頼を裏切ったほうが大きく儲かる」（ことが多い）のが厄介です。

でも、それは長期的に見るとすごくもったいないことです。

例えば、もし私が15万人フォロワーのいる自分のXアカウントで、「情報発信で絶対に1000万円儲かる秘密の方法を、あなただけに1000万円でこっそり教えます」と嘘をついて売り込んだら、少なくとも100人に売りつけるのは容易です。

もちろん、確実に1000万円儲かる方法なんて存在しないので、購入した人は損をしますが、自分はそれだけで簡単に1億円儲かります。

でも、それを本当に実行してしまったら、多くの人からの信頼を損ねます。今まで通り発信をしても、まともな人からは見向きもされなくなります。仲の良かった人たちは離れていくでしょうし、出版社からオファーが来ることもなくなるでしょう。

これは少なくとも私にとって、1億円儲かることを差し引いても、デメリットの方が圧倒的に大きいです。**自分の積み上がっている信頼を毀損しないほうが、長期的に得します。**

そんな詐欺まがいなことをしなくても、本当に良い商品を紹介したり、サービスを提供していけば、短期的に大儲けすることはなくても確実に利益は積み上がっていくし、むしろ、より信頼されるようになっていきます。

シンプルにお金だけ見ても、長期的に考えればその方が得なんです。それに加えてお金以外の、人間関係や社会的な信頼を考えれば、なおさら得でしょう。

影響力を得たときのために、覚えておきたいこと

目の前のお金に目が眩んで怪しいことに手を出すと、瞬間的には得しても、その瞬間から先はなくなります。姿を消すか、詐欺師としてアングラな方向で生きていくしかありません。

初めて多くの影響力を得た人は、ここを理解せずに、安易に信頼をお金に換金してしまうことがあります。でも、それはめっちゃもったいないんです。

厄介なケースだと、あなたの信頼を狙って、「儲けは半々で良いから、こんな商品を売りつけようよ」と近寄ってくる詐欺師もいます。信頼は金になるからです。

詐欺師たちからすると、あなたの信頼が減ろうが、そのときにお金をもらえるので、何も問題ありません。でもあなたは、今後得るはずだった多くの利益を逃すことになります。

影響力がある程度ついてきたときこそ、信用を毀損しないように気をつけてください。

ちなみに、私自身が「1カ月で10億円稼がないと一族全員殺される」みたいなことになれば、全力で信頼を換金すると思います。『誰でもラクして1カ月で稼げるヒトデハイパーメソッド98万8000円』を売り出したときは、皆さん全力で逃げるようにしてください。

4章 より多くの人に見てもらうための文章の書き方・伝え方

Webの文章を書く上で意識すべきこと

どんなに素晴らしいことを知っていて、発信していたとしても、それが伝わらなければ意味がありません。

この章では、文章でものごとをわかりやすく伝える方法、より多くの人に見てもらうためのコツを解説します。

このときに考えるべきポイントは、「発信する媒体によって、最適な文章は違う」ということです。情報発信で行う「Ｗｅｂ上の文章」とそれ以外（本や新聞、雑誌など）の文章には明確な違いがあります。自分の発信を見てもらうためには、まずここの違いを押さえることが最重要です。

では、Ｗｅｂの文章は何が違うのか。

大きく、「基本的に無料」「無数のコンテンツにアクセスできる」「表示領域の制限がほぼない」の３つがあります。

無料で無数のコンテンツにアクセスできる

Webで読める文章はその多くが無料で、とんでもない数のコンテンツがあります。なんと、世界中には10億以上ものサイトが存在しているとか。ちょっと検索すれば、様々な記事や投稿を見ることができますよね。

それはどういうことかというと、**Webの文章は「代わりがいくらでもある」**ということです。自分が心を込めて作った投稿でも同じです。悲しいですね。

例えば本であれば、多少難しくても「せっかく買ったんだし、頑張って読もう」という気持ちが湧いてくるものですが、Webの場合は**読み手がストレスを感じると「もっとわかりやすいところを探そう」と、すぐに離脱されてしまいます**。

表示領域の制限がほぼない

新聞や本は物理的に表示領域が制限されていて、決められた大きさの中、決められた量しか情報を書き込めません。

しかし、Ｗｅｂは違います。その**スペースは実質、無限**と言ってもいいでしょう。厳密には限りがありますが、紙媒体よりはるかに贅沢なスペースの使い方が可能です。つまり、**本や新聞を作るときのようにスペースを有効活用して情報を詰め込む必要性がなく、それを利用した「見やすさ」「わかりやすさ」を表現できます。**

読まれるコンテンツ作りのポイント4つ

これらの要素を踏まえると、Ｗｅｂの文章において重要な点が見えてきます。ポイントは、前提として**「読者は文章をしっかり読んでくれない」**ということです。

無料のコンテンツが無数にある中で、ひとつの投稿や記事にこだわって、じっくり精読するのは、その記事や投稿が自分の役に立つ（＝価値がある）と判断したからこそ。つまり、**いかにして「自分の発信は読者の役に立つ」を伝えるか**がカギになります。

そのためのアクションとして、次の4つが重要になってきます。

①冒頭が命。結論はとっとと書く
②斜め読みでもわかるようにする
③画像や図解（特に箇条書き）を効果的に使う

④具体例と根拠を伝えまくる

それぞれ解説します。

①冒頭が命。結論はとっとと書く

冒頭の重要性は、どの媒体でも一緒だと思うのですが、Ｗｅｂにおいては特に重要です。なんせ、**他にいくらでも選択肢があり、いつでも離脱できるという状態の中で、あなたの文章を選んでもらわないといけない**からです。

最初の一文で「意味がわからない」と思われたり、「自分の求めているものと違うな」「なんかこの人の言ってること、よくわからない」と思われたりしたらアウトです。

そのため、「結論をとっとと書く」ということを意識する必要があります。

例えばテレビ番組なら「衝撃の結末は……ＣＭのあと！」みたいなことをやっても、視聴者はＣＭを見ながら待っていてくれます。そのあとの展開は、その番組を見ないことにはわからないからです。しかし、Ｗｅｂで「結論は……次のページ！」とかやろうものなら、「しょーもな。もっとわかりやすいとこ見るわ」と1秒で離脱されてしまいます。

見てくれる人に「この記事、あなたの役に立ちますよ！」と全力でアピールするためにも、もったいぶらずに、とっとと結論を伝えましょう。

②斜め読みでもわかるようにする

Webの文章ははじめから最後までしっかり読まれません。ほとんどの人は情報を探して斜め読みし、気になったところや問題解決に役立ちそうなところだけを深掘りします。

これはつまり、斜め読みの読者にもわかりやすいように見せないと、読者は「どこに何が書いてあるかわからん！」と離脱してしまうということです。

特に長文のブログであれば、見出しを作り、「ここにはこれが書いてあります」とアピールすることがとても重要になります。

SNSのような短文の場合も、「要するに、こういうことが書いてある」ということを、はじめにしっかり伝えるとわかりやすくなります。

③画像や図解（特に箇条書き）を効果的に使う

わかりやすい文章を書こう！と意気込む人が多いのですが、簡単にわかりやすさをアップする方法が、「画像、図解、表、装飾（特に箇条書き）」です。

小説じゃないんだから、文章だけで勝負する必要はありません。図や表、画像でわかりやすくなるなら、ガンガン使うべきです。これは、先ほどお話しした「表示領域の制限がゆるい」という特徴があるからこその考えです。

例えば新聞の記事で、ことあるごとに図解したり表にしたりしていたら、あっという間にスペースがなくなってしまいます。

でも、Ｗｅｂのスペースは広大です。そんなに大きなスペースがあるのに、文章だけの表現にこだわる必要って、まったくないですよね。

文字が詰まりすぎていて見にくいならスペースを開けたらいいし、理解の助けになるなら図解や表、画像、装飾もどんどん使うべきです。イメージが湧きやすい画像を入れるのも良いでしょう。

画像制作ツールとして、Ｃａｎｖａ（キャンバ）もおすすめです。

図や表を作るのは手間がかかりすぎる、という方は**「箇条書き＋装飾で囲う」**というのを試してみてください。私が非常によく使う手法で、**全然手間がかからないのに（5秒でできます）パッと見の見やすさがかなり良くなります**。ぜひ取り入れてみてください。

図解の例（hitodeblog より）

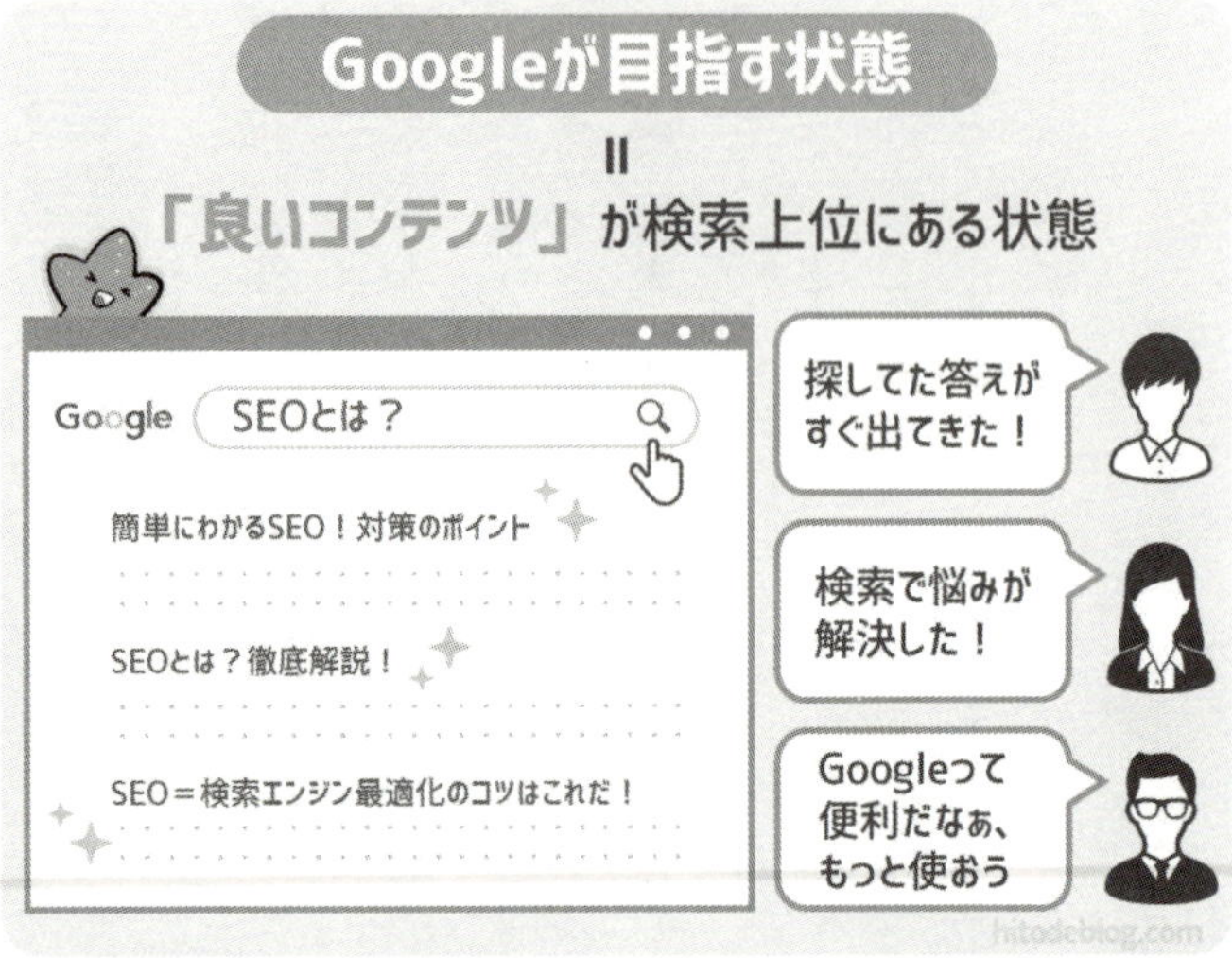
Googleが目指す状態
＝
「良いコンテンツ」が検索上位にある状態
Google
SEOとは？
簡単にわかるSEO！対策のポイント
SEOとは？徹底解説！
SEO＝検索エンジン最適化のコツはこれだ！
探してた答えがすぐ出てきた！
検索で悩みが解決した！
Googleって便利だなぁ、もっと使おう
hitodeblog.com

Googleはユーザーにとって「良いコンテンツ」を上位表示したいと考えています

何故なら、ユーザーにとって「悪いコンテンツ」が上位表示しているとこうなってしまうからです

- 「このグーグルって検索エンジン、微妙じゃない？」
- 「グーグルで検索して出てくる記事全然使えないわ」
- 「もう他の検索エンジン使おっと」

④具体例と根拠を伝えまくる

わかりやすい文章とわかりにくい文章、その要素には実に様々なものがあります。

そんな中、「わかりやすい」文章の作り方について、**誰でも簡単にできるコツをひとことでお伝えすると「具体例と根拠を伝えまくる」**になります。

「何を言っているのかよくわかんない！」

「信じていいのかわかんない！」

そんな人たちも、**「具体例」と「根拠」がしっかりしていると、文章を読み進めてくれる確率が高くなります**。

なお、ブログやサイトを作る場合は、全体像としてわかりやすい構造にすることも大事なので、次ページの図を参考になさってください。

ブログ記事を構成する６つの要素

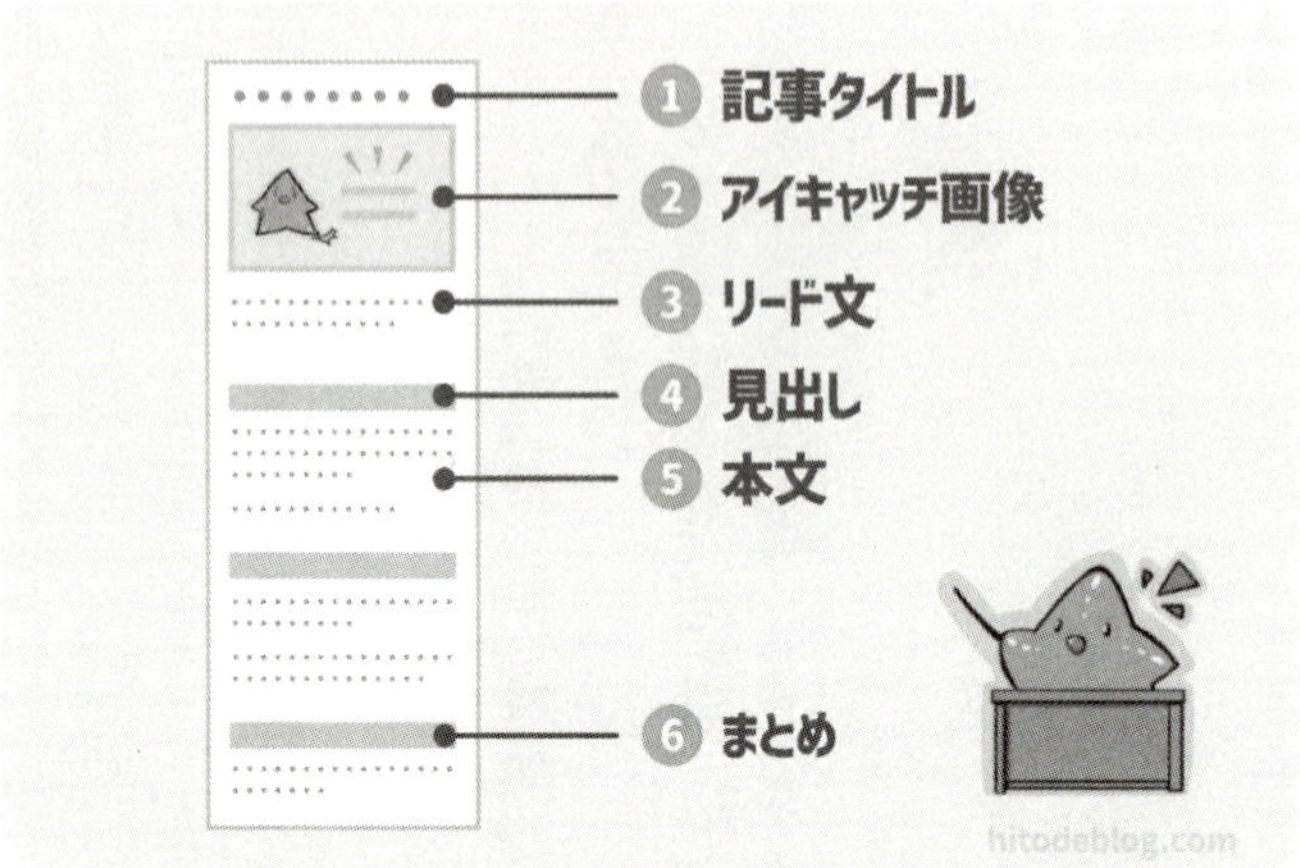

ブログの記事分類タブの例

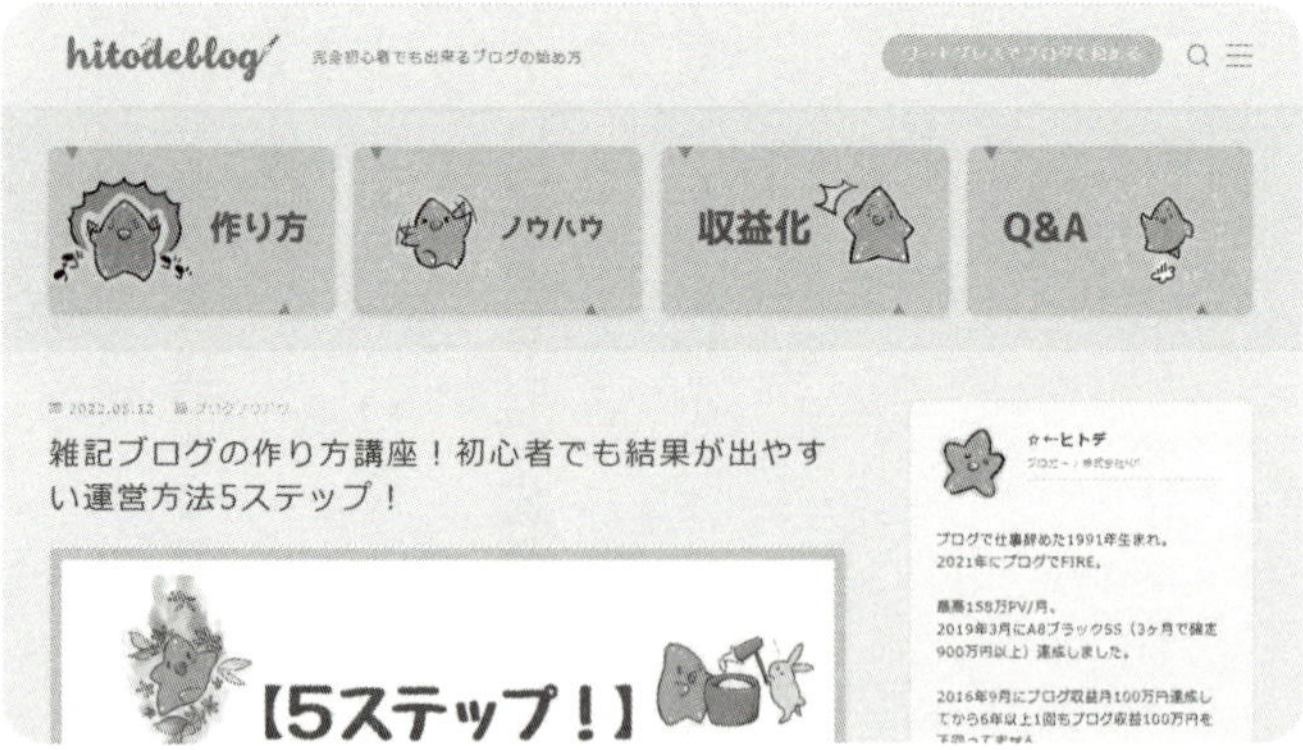

hitodeblog より

ブログの記事づくりの手順

1

「誰の」「どんな悩み」を
解決するかを決める

2

❶の要素を入れて
記事タイトルを仮で決める

3

その悩みを解決できる方法を
ざっくり考える

4

タイトルや
類似の言葉でリサーチし
構成や見出しを考える

5

リード文（記事全体の導入）
を作成する

6

見出しに沿って本文を書く

7

記事のまとめを書く

8

タイトルを最終決定し、
アイキャッチ（画像）を作成する

すべてを超越する「属人性」という武器

読まれる文章について、別の角度から見てみると、読みやすさや伝わりやすさなどを凌駕する最強のステータスがあります。それが「属人性」です。

ここでいう属人性とは、**発信している情報ではなく、それを発信している「人」に信頼や注目が集まっていること**を意味します。

具体的には、「この人の発言だから見たい」「この人から話を聞きたい」「この人の意見を知りたい」というように、意見や話の内容ではなく、**「その人が言う」ということに価値がある状態**です。

この状態になれると本当に強くて、ここまでに書いてきたような要素はぶっ飛ばせます（わかりやすいコンテンツを作るに越したことはないのですが）。

うまくいくと、こんな魔法みたいなことが起こります。

- **読みやすい文章じゃなくても読んでくれる**

・わかりにくくても頑張って見てくれる
・結論を先延ばしにしても離脱せずについてきてくれる

最強です。

本題の読みやすさやわかりやすさの話からはズレますが、発信する以上は、この状態を目指すことをおすすめします。

もちろん、最初から皆にそう思われるのは難しいため、まずは特定の領域でそうなれるように考えていきましょう。

「○○といえば、自分」を目指す

これはすべての発信者に声を大にして言いたいことなのですが、発信で生き残っていきたいのであれば、この**「○○といえば、自分」という状態をいかにして作り出していくのかが最重要ポイント**です。

2章で定めたコンセプトを元に、ここを深掘りしていきます。

では、実際のところ、どうすればこの「○○といえば自分」になれるのか。

そのために一番必要なのが「実績」です。これがないと、どうにもなりません。実績がある人はちゃんと出して、「自分はこういう人です！」とアピールしていきましょう。

わかっています。今、ここを読んだ多くの人がこんな風に思ったでしょう。

（そんな実績、ねーんだが!?）

結論、なんの問題もありません。

そもそも既に「〇〇といえば自分」という実績を持っている人の方が稀でしょう。重要なのは、ここで「無理！」と思うか「じゃあ作ろう」「じゃあ伸ばそう」と思うかです。今ある武器だけで戦おうとしないでください。これから、作っていけばいいんです。

そして、これはピンチではなくて、むしろチャンスです。なぜなら2章の「過程の発信」でもお話ししましたが、「これから積み上げていく過程」をコンテンツ化できるからです。これは、既に何者かになっている人たちがやらないコンテンツです。

もちろん、過程の発信さえすれば大人気になれるわけではないですが、「達成したとき」の証明や強化として、非常に大きな効果があります。

「実績」を積み上げるための具体例

実績を積み上げるといっても、重く捉える必要はありません。**まず目指すのは、「一番詳しい人」ではなく「初心者に教えられる人」でOK**。そこまで自力でいければ、あとは発信をしながら一緒にレベルアップしていけばいいのです。

例えば著者の私だって、ブログについて偉そうに発信していますが、「ブログで一番詳しい人」になんてなっていません。それでも、多くの人が私の発信を参考にしてくれます。**発信しながら、自分もレベルアップしていく**つもりでやっています。

レベルアップの具体的なアクションとしては、次のような方法があります。

①数を極端に増やす
②人柱になる
③一次情報をとりに行く

①数を極端に増やす

最も簡単で確実なのが「数を積み上げる」ことです。

・名古屋で5件だけラーメンをレビューしている人
・名古屋で1000件ラーメンをレビューしている人

どちらの人のおすすめラーメン情報を知りたいでしょうか？

・10個のイヤホンを持っている人のおすすめイヤホン
・10000個のイヤホンを持っている人のおすすめイヤホン

どちらの人のイヤホン情報を知りたいでしょうか？

もう、言うまでもなく後者ですよね。単純に数を増やせば増やすほど、説得力は増していきますし、信頼される可能性が上がります。これは単純ですが、とても強力です。「こんなにいろいろ試してる人が言うんだから、間違いない」という安心感につながりますし、実際、発信者はかなり詳しくなっていくでしょう。

そしてこの方法の最も良いところは、「努力次第で誰でもできる」という点です。

ただし、既に自分がやろうとしているところで大量の数を追求している人がいる場合

は、対象をズラしましょう。ラーメンで無理なら、塩ラーメンだけに特化してみる、あるいは家系ラーメンだけ、二郎系ラーメンだけ、といったイメージです。

はじめのうちは大した効果はないでしょうが、数が増えて、「ここまでやるとか、あいつヤバいな」と思われだしたら勝ちです。

性質上、**歩みを止めなければ後から追い抜かれにくい**というのも良い点ですね。

②人柱になる

発信者は誰かの役に立たないと多くの人に見てもらえません。そういう意味で言うと、**みんなが「良い！」と言っているものを攻めるよりも、「実際どうなの…？」と思っているものの方が、発信する価値が高い**です。なぜなら、みんな変なものを買って損したり、変な場所に行って嫌な気分になりたくないからです。

そんな**「損するかもしれない」「嫌な気分になるかもしれない」というリスクを代わりに背負って、わかりやすく発信してくれる人には、間違いなく需要があります**。

例えばガジェットブロガーであれば、あえて世間からの評価が悪くて手を出しにくい商品を買ってみて、正直にレビューしてみるのも良いでしょう。

特に、炎上したような商品は、世間的に認知度が高いわりに、なんとなく悪い印象を持たれているせいで買いたくない人が多いので、人柱になるにはピッタリです。

炎上にまんま乗っかって叩くのではなく、世間の印象で叩かれてしまっている商品をフラットな目線で評価して、良い部分は良い、悪い部分は悪いと伝える。そうすることで、見てくれている方からの印象も良くなりますし、炎上している企業側からも感謝されたりします。

他に、新商品、新店舗、新機能など「今までになかったもの」は、みんな気になってはいるものの、失敗したくないので相性が良いです。気軽に試せるものよりも、「明らかに高い」「明らかに邪魔になる」もののように、失敗したら損するものほど、コンテンツの価値が高くなります。

そういったリスクを背負い続けることで、「〇〇といえば自分」の立場が確立されていきます。みんなが手を出していないものにこそ、積極的に手を出しましょう。

仮に商品やサービスが全然良くなくても、そういったコンテンツは伸びやすいので、発信者的には全然ＯＫです！

③一次情報をとりに行く

これは①や②とも被る話ですが、**「○○といえば自分」と言われるためには、誰かの情報をまとめているだけでは絶対に到達できません。あなたが情報源になるのが理想的です。**

そのために、

- **実際に身銭を切って買う**
- **実際に現地に行く**
- **実際に体験する**

こういったことを行っていくと、「○○といえば自分」は強化されていきます。

その分野に対する知識を深めるのもとてもおすすめです。他の人が行っていない**深い分析ができるようになり、より濃い一次情報を発信できるようになる**からです。

まずは小さな実績からで大丈夫です。コツコツと、自分の実績を育てていき、最終的には「○○といえば自分」と言われる状態を作り上げていきましょう。

実名or匿名どっちがいい？

よくいただく質問に「匿名と実名（顔出しのありなし）、どちらがいいの？」というものがあります。

結論としてはどちらでも大丈夫です。どちらにもメリット・デメリットが存在していて、どちらかを選ぶとキツいというものではありません。それぞれの特徴を紹介するので、ぜひ自分に合う方を選んでみてください。

「実名・顔出しあり」で発信する場合

実名・顔出しありの**最も大きなメリットは「信頼性」**です。それだけで信頼されるというわけではありませんが、少なくとも、本名も顔もわからない人よりは信頼度が高いです。

ただ、正直ネット上で発信するだけであれば、これはそこまで大きな差になりません。私自身、匿名・顔出しなしでXのフォロワー、YouTubeチャンネル登録共に15万人レベルの影響力がありますし、こうして本も出しています。私よりもはるかに影響力のある、匿名・顔出しなしのインフルエンサーも多数いらっしゃいます。

この信頼度が大きな差になるのは、むしろネット以外のメディアの話です。

例えばテレビ出演や新聞なんかは良い例です。これらは実名・顔出しによる信頼性がとても重視されるので、出やすさにかなり差が生まれます。新聞に載るときに、

・「ブログで成功した星野 健太郎さん」と顔写真付きで紹介される
・「ブログで成功したヒトデさん」とイラストで紹介される

受ける印象が全然違いますよね。

そのため、「雑誌や新聞に出たい」「テレビに出たい」「講演会に呼ばれたい」というように、**自分自身にスポットライトを当てて、ネット以外でも露出を増やしていきたいのであれば、実名・顔出しありの方が近道**です。

また、何度も顔を見ることになるので、親近感を感じやすかったり、ファンがつきやすいといったメリットもあります。**特に外見に自信がある場合は、それだけでファンになるポイントがひとつ増えるので、出していくのも良いでしょう**。

では、逆にデメリットは何かというと、**リアルとネットとの境界線が甘くなる**という部分です。実名・顔出しでの発信は、リアルで何か変なことをしたら、すぐネットにも影響が出るし、逆もまた然りです。

一番顕著な例は、副業で発信をしているパターンです。ネットで炎上して、「炎上させた人が会社を特定→会社に連絡→クビ」みたいなケースは実際に存在します。

「リアル」と「ネット」を分けたい人は、必然的に実名・顔出しありは厳しいでしょう（逆に言うと、「そういったリスクを背負って発信している」ということ自体が信頼性につながっている節もあります）。

また、**イケメンや美女の場合はそれだけでファンが増えやすい反面、ストーカーのような怖い人が登場するリスクもあります**。

「匿名・顔出しなし」で発信する場合

匿名・顔出しなしでの発信のメリットは、単純に「安全度が高い」ことです。**リアルとネットが別人格なので、人に嫉妬されたり恨まれたりしてもリアルに波及することはほぼありません**。

本人に悪い点がなくても、成功すると人から恨まれたりするのがネットの怖いところです。そういった意味で、自分の身はもちろん、家族などまわりの人間を守ることにもつながります。

最悪、炎上しても、アカウントを消したら自分の人生にダメージが残りません。ただ、近年はハイレベルな特定をしてくる人もいます。「匿名だし顔も出してないから絶対安全だぜ〜〜」なんてことはないので、そこは肝に銘じておきましょう。

そういった炎上の有無にかかわらず、**「プライベートが守られる」という利点は大きい**と思っています。顔が売れたインフルエンサーは、街中でバンバン声をかけられますし、あらゆる人に目撃されます。

別に悪いことをしてなくても、「コンビニの前でおにぎり食べてましたよね！」とか「一緒に歩いていた女の人は彼女ですか⁉」などと言われるわけで、日々の行動にかなり制限が生まれます（そんなのは気にしない人や、むしろ声かけられたい！という人は全然良いのですが）。

また、**発信のハードルが下がるのも良い点**です。

例えば顔出しでＹｏｕＴｕｂｅを撮影する場合、見た目、部屋の様子など、様々なことを気にする必要があります。女性の場合はヘアメイクも気にかける必要があるでしょう。

ただ、顔出しなしであれば、寝起きで髪がボサボサでも関係ありません。発声チェックだけしてマイクの前に座れば、すぐに撮影が可能です。

「匿名・顔出しなし」のデメリットを挙げるとすれば、実名のメリットを得られないことがそのまま、匿名・顔出しなしのデメリットです。活動を広げようとしたときに、分野によっては不利に働きます。**表舞台に出たいのであれば、実名・顔出しありでやっていくべきでしょう**。

ただ、先にも書いた通り「信頼性」という意味では大した影響はありません。そんな細かい部分よりも、日々の発言や記事の内容の方がよっぽど重要だからです。

注意点としては、**変な名前をつけるとリアルまで活動が広がったときに後悔します**。私自身「ヒトデ」という名前で活動しているせいで、大企業の方との真面目な会議でも「ヒトデさん」と呼ばれたりして普通に恥ずかしいです。

正直に言うと、もうちょっと人間っぽい名前にすれば良かったな〜〜と思っています。もし、自分が今から発信を始めるなら「本名ではないけど、人間っぽい名前」で始めると思います。

もし迷ったなら「匿名」でOK

私自身が匿名で運営していることもあり、ちょっと匿名寄りの意見が多かったかもしれません。というのも、私自身が**匿名なせいで困ったことはほとんどないけれど、匿名で良かったと思うことは多々ある**からです。

特に、まわりの顔が売れているインフルエンサーたちが、プライベートを侵害されて悩んでいるのをよく見るので、余計にそう思います（もちろん、有名になったことを喜んでいる人もいて、そういう人は本当に顔出しインフルエンサーが向いているなと思います）。

結局のところ、どちらでもOKなのですが、もしここまで読んでまだ迷っているなら、いったん匿名・顔出しなしで始めることをおすすめします。なぜなら、**「匿名⇩実名」の変更はいつでもできますが、「実名⇩匿名」の変更は難しい**からです。

とはいえ、確実な理由がない限り、基本的にはどっちでも良いと思います。発信の内容の方がよっぽど重要です。ここで悩む時間を、コンテンツを考える時間に使いましょう。

「ネタ切れ」はこの2つで解消できる！

いざ発信を始めるとなると、発信のネタ切れを心配する人が多いです。確かに、私自身も昔はよくブログやＳＮＳの発信のネタに困っていました。

しかし、今ではそんな風に困ることはまったくありません。これまでの発信の経験から「コンテンツのネタの探し方」がわかっているからです。

ここでは、皆さんにそれをお伝えしていきます。

結論として、発信のネタ不足はこの２つでほぼ解決します。

①インプットを増やす
②コンセプトを明確にする

逆に言うと、**どちらかが足りていないと「書くことがない」状態になりやすい**です。

それぞれ解説します。

①インプットを増やす

これは、「書くことがない＝自分の中から出せるものがない」ということなので、「じゃあ新しく入れよう」という単純な話になります。

具体的におすすめのインプット方法は、次の2つです。

・**発信のテーマに関する本を読む**（5〜10冊まとめてを推奨）
・**発信のテーマに関する資格の勉強**

まず、読書について。「インプットで読書とか普通すぎでしょ！」と思った方もいるかもしれませんが、**コツは「1冊2冊ではなく、5〜10冊まとめて読む」**というところです。

これを発信のネタ探しという視点で行うと、

・本質的にその分野で重要なことがわかる（どの本にも書いてあるため）
・本によっていろいろな切り口があるので、発信の切り口の参考になる
・10冊も読めば、嫌でも知識が深まる
・すると、必然的に記事ネタが増える

と、いいことずくめです。1冊を深く読むのも重要ですが、初心者でネタに不安があ

る方にはおすすめの手法です。

さらに、これを行うと、副次的にもうひとつ良いことがあります。それが、「**本を読んだこと自体がネタになる**」ということです。具体的には、

・10冊読んだ自分が本当におすすめする1冊
・○○ジャンルの本おすすめランキングベスト5
・それぞれの本のレビュー

みたいな発信をあわせて行うことができます。ぜひ最初に取り組んでみてください。

続いて、テーマに関する資格の勉強です。この方法の何がいいかというと、**本よりもさらに体系的に学べる**ところです。実際に発信を始めようとすると、

「感覚的にはわかっているけど、いざ書こうとすると難しい……」

なんてことがよくありますが、資格の勉強という形で取り組んでおくと、そういった部分が**言語化されて整理されます**。

さらに、**実際に資格を取ることで、権威性や信頼性も得られます**。

何の資格もない人よりも、「こんな資格を持っている私が教えます」という人の方が、信頼できますよね。この部分を考えると、世間的に難しい資格であればあるほど、その

効果は大きくなります。

しかも、**「その資格を取ったこと自体」も本と同様、ネタになります。**

・その資格の勉強法
・資格取得に役立つ参考書
・その資格は具体的にどんな資格なのか

みたいな話もできますよね。

ただ、「発信のためだけに」資格を取るのはまあまあ苦痛なので、できれば「どうせ勉強したい」「どうせ資格も欲しい」みたいな分野で行うのがおすすめです。

②コンセプトを明確にする

2章の内容と被るのですが、実は**ネタ出しという意味でも、コンセプトを明確にするのは重要**です。「発信のネタがないです！」と相談してくる人は「そもそも発信のコンセプトが明確じゃない」ケースがとても多いです。

いきなり「今から何でも良いから話してください」と言われても、何を話すか困ってしまいますよね。コンセプトを決めていない発信というのは、こういった状態です。

逆に、「今からあなたの両親のことを話してください」と言われたら、先ほどの場合よりも話しやすいはずです。

「年齢」「どんな性格か」「どんな趣味か」「思い出深いエピソード」など、次々に話すべき内容が浮かんでくると思います。

コンセプトが明確になっていれば、そのために伝えないといけないことはいくらでもあるはずです。

具体例を示すと、私が運営する「hitodeblog」は、

・ブログのことをまったく知らないけれどもブログをやりたい人が
・ゼロからブログを始められて、かつ月1万円とか稼げるようになる

というコンセプトのサイトです。

そのコンセプトを元に記事を考えると、

「こういう記事が必要だよな」
「初心者の人はこれもわからないよな」
「この実体験も伝えた方が、よりわかりやすいだろうな」

といったものが出てきて、それを形にしていくことでサイトが完成しました。

ネタ探しのアイデア

ネタ切れの対策は基本的に、前項でお伝えした2つが本質的な部分なのですが、もう少し知りたい！　という方向けに、ネタ探しのアイデアをお伝えします。

他の人の発信を見てみる

発信において他人のコンテンツを参考にするのは、すごくおすすめの方法です。

ポイントは次の2点です。

・**まず、自分と同じ発信媒体の人を見てみる**
・**次に、他の媒体で発信している人を見てみる**

前者の「同じ発信媒体」はわかりやすいですよね。自分がやっているのがインスタなら近いテーマのインスタアカウント。YouTubeなら、近いテーマのYouTubeチャンネルを見てみます。

丸パクリはもちろんNGですが、「既にウケている切り口を真似する」のは立派な戦略です。むしろ、後発で参入するなら絶対に活かすべき利点とも言えます。

既にユーザーからウケているというのは、ひとつの「答え」に他なりません。学校でカンニングはNGですが、ビジネスではカンニングOK。ぜひ、他の人の出してくれた答えに乗っかりましょう。

そのまま使わないにしても、学びになったり、「これがウケるなら、こんな切り口もいいかも！」と新しいアイデアのきっかけになったりもします。

そして、自分と違う媒体にもぜひ目を向けましょう。**他の媒体でウケているのであれば、自分の媒体に持ってきてもウケる可能性は高い**です。例えば、SNSでバズった投稿のテーマを、自分のブログに活かす、というやり方です。

もちろん、各種SNSにはそれぞれ特徴があるので、そのまま持ってきてもだめかもしれませんが、少なくともアイデアのひとつや切り口探しのきっかけにはなります。

自分以外の発信者の投稿は最高のネタの宝庫です。ぜひ利用しましょう。

あらゆることを「発信のネタになるか」という視点で見る

意外と重要なのがこの**「常に発信のことを意識する」**という視点です。**伸びている発信者の方々は、これが自然とできています。**

あらゆることを「発信のネタになるかな？」って視点で見るようにしましょう。

- **ネットでよく見る記事**
- **バズっているツイート**
- **話題のニュース**
- **日常での何気ない会話**
- **普段の生活でのちょっとした悩み**

例えばこういったことを、

「これ、自分の発信だったらどういう投稿になるかな？」

「あれ？　これ意外とネタになるんじゃないかな？」

といった具合に、**「実際に発信するかしないかはさておき、まず考える」ことを癖づけるのがすごく重要**だと思っています。投稿を作ろうとPCやスマホに向き合っている時間だけが、発信の時間ではありません。

まずは頭の片隅にぼんやりとでいいので、いつでもどこかに発信することを意識しておいてください。

実は「ネタがない」は、ほぼありえない

コンセプトが明確なのに、ネタがない、ということはほぼありえません。

というのも、発信のネタがないということは、「自分のこれまでの発信で、その分野に関して書くことがない、完璧だ」「自分のこれまでの発信を見れば、対象ユーザーは一切悩まないし、すべての問題が解決する」と言っているのと同じです。

ちょっと大げさかもしれませんが、さすがに、自信過剰じゃね？と思いませんか。

よく考えれば、**どんなジャンルでも深い悩みや興味・好奇心を持つユーザーがいて、いくらでも発信できることはあるはず**です。

それでも本当にないのであれば、あなたの発信は完璧なので、新しく必要になるまで待つか、新しく分野を広げて発信をしていきましょう。

継続こそ成功への道！挫折を防ぐヒント

発信を続けていく中で、「モチベーションが上がりません！」という相談も意外と多いです。「発信を始めたはいいけど、なかなか成果も出ないし、最近サボり気味…」「投稿を作らないといけないことはわかってるけど、どうしても進まない…」などの悩みをお持ちの方に向けて、**続けるコツ、挫折しないためのヒント**を5つ紹介します。

①「なぜ」発信するのかを考える

まず、第一にここを考えてみてください。「何を」したいのかは重要ではありません。「なぜ」したいのかが大切なのです。

あなたはなぜブログを書くのでしょうか？　なぜインスタをやるのでしょうか？　なぜYouTubeをやるのでしょうか？　なぜXをやるのでしょうか……？

・副業でお小遣いが欲しいから？

・それを専業にして会社を辞めたいから？
・日々学んだことをアウトプットしたいから？
・友達を作るため？
・自分が振り返るための日記代わり？

これをできるだけ突き詰めてみましょう。**自分がこれからやることが「自分の大きな人生観と関わっている」「人生の目標と関係している」という風に思えたとき、人のモチベーションは上がります。**

場合によってはこれを繰り返すと、「あれ、もしかして俺ブログやる必要ないんじゃね？」みたいな結論になるかもしれません。それはそれでオッケーで、その時間で違うことをすればいい。実際「文章書くの超苦痛だけど、お金は欲しいからブログやる」みたいな方は、「もっと良い方法あるんじゃねーか……？」と個人的にも思っています。

②発信友達を作る。誰かと一緒にやる

これ、めちゃくちゃ効果的です。ひとつのＳＮＳを二人でやるとかではなくて（それ

でもいいけど）、要するに**励まし合いながらできる人を探す**ということです。

人間は単純なので、誰かと一緒にやるだけでモチベーションが上がります。スポーツジムで友達ができて、毎週この曜日のこの時間にあいつが来るってわかっていると、通常の8倍通えるようになる、みたいな話もあるくらいです。

発信でもこれをやりましょう。**「発信を一緒に頑張る人」を見つける**ことをおすすめします。逆に、情報発信に否定的な人や、バカにしてくる人がまわりにいると、間違いなくモチベーションも仕事効率も下がるのでご注意ください。

もし、いきなり友達作るとかハードル高い！と思われたら、オフ会やセミナーなどに参加してみるのもおすすめです。同じように頑張っている人たちと一緒に話を聞くだけでも、モチベーションは上がります（ただしいわゆる高額セミナーにはご注意ください）。

③インプットに集中してみる。新しい体験をする

もしかしたら、モチベーションがないのではなく、シンプルに「書くことがない」状態になっている可能性があります。

情報発信はそもそも自分の中にある何かを外に出す「アウトプット」の作業です。そのためには、適切なインプットが必要です。

詳しくは前述のように、自分が書きたいジャンルの本を読み漁ってみたり、いっそのこと実際に体験してみたりしてください。嫌でも発信ネタは溜まりますし、良いコンテンツになります。

④変化をつけてマンネリを回避する

モチベーションの低下理由として、シンプルに「飽きている」ということがよくあります。日々発信をしていて「マンネリしてんな〜〜〜」と思うときは、何かしらの「変化」をつけましょう。発信内容でもいいし、環境面でもいいです。

一番簡単な変化のつけ方は「場所」ですね。いつも投稿を家で作っているのであれば、カフェに行ってみたり、コワーキングに行ってみたり。もし家から出るのが難しければ、リビングや台所で作業してみるのも良いでしょう。

他にも、**普段は書かない手法で投稿**を作ってみたり（最近だとAIを活用してみたりするのも面白いですね）、**タイムアタック**（速さを競う・ストップウォッチを使う）をしてみたりするのも良いです。

飽き性の人ほど、どんどん変化を探していきましょう。

⑤自分の発信が、誰かの役に立っていることを自覚する

既に多少なりとも人に発信が見られている場合は、これを考えるだけでもやる気が出ます。要するに、**「自分が発信することで、世の中の人たちにどんなプラスがあったのか」**を自覚するということです。

・悩んでる人の背中を押してあげられた
・おすすめの商品を紹介してあげられた
・悩みを解決してあげられた
・ちょっとした笑いを提供できた

些細なことでもOKです。投稿へのコメントやリプライなど、反応があったら最高ですね。私自身も「ヒトデさんのおかげで助かりました!」みたいなコメントを見ると、めっちゃやる気が出ます。

逆に「私の発信なんて誰の役にも立たない……」という方は、**「たったひとりでもいいから、誰かの役に立つ発信をする」**ことを目標にしてみると良いかもしれません。

結果的に、そういった発信は反響を得られることが多いです。

〝やる気〟が続く目標設定の方法

これから情報発信を始める人や、始めたばかりという人にお聞きしたいのですが、あなたはこんな目標を軸にしていませんか？

・半年後までに1万フォロワー！
・1年以内に月10万円稼ぐ！

こういう目標を立てる人がすごく多いのですが、はっきり言って、この目標だと挫折する可能性が高いです。正確に言うと、こういった目標を立てること自体は決して間違っていないのですが、違う軸での目標設定を同時にする必要があります。

目標設定は「2つの軸」で行う

次の2つの軸で目標を立てることで、継続の確率が高まります。

①PVやフォロワー数、収益など、自分ではコントロールできない目標

これはまさに最初に挙げた「□□までに○万フォロワー！」「□年以内に月○万円稼ぐ！」といった目標です。**「ここへ向かって進むぞ！」と、大枠を決めること**は大事なので、こういった目標を立てることも必要です。

しかし、それだけでは不十分です。

②作業時間など、自分で絶対にコントロールできる目標

より大切なのがこの2つ目です。というのも、先ほどの「○万フォロワー！」「月○万円！」という目標は、自分の力ではコントロールできない部分が多いからです。

この**「自分でコントロールできるかどうか」はとても重要**です。

例えば普通の時給労働だったら、

「月に10万円稼ぎたい！」→「時給1000円だから100時間働けばいいんだ！」

→「月20日働きたいから、1日5時間頑張るぞ！」

といった流れで、明確な道筋が決められます。

しかし情報発信の場合は、

・どれくらい投稿すればフォロワー（登録者）が増えるのか
・どれくらい記事を書けばPVが増えるのか
・どれくらい頑張れば収益が増えるのか

こういったことが誰にもわかりません。うまくいっている場合は「3カ月後に5万円！」みたいな目標でも問題ないのですが、こういった目標だけだと、達成できなかったときにモチベーションがめちゃくちゃ下がります。

そこで、必要になってくるのが**自分でコントロールできる目標**です。具体的には、

・1カ月で30本投稿する
・1カ月間、毎日3時間情報発信に使う

などです。

これらは自分で「できた」「できなかった」が100％コントロールできます。

「超努力したのに、月5万円の収益が達成できない」ことはあり得ますが、「超努力したのに、1日3時間ブログを書くのが達成できない」ことは基本的にないでしょう。

数値を高くしすぎると未達の可能性がありますが、その場合は修正すればいいのです（後述）。

フォロワー数や収益などの目標だけではなく、必ず一緒に「自分で絶対にコントロー

ルできる目標」を立てるようにしましょう！

今度こそうまくいく！　目標設定のコツ

理想を現実化するには、掲げた目標を確実に遂行することが肝心です。より成功に近づく目標設定のコツを３つ紹介します。

①目標を細分化する

これはあらゆる仕事や目標設定に通じる話ですが、「1カ月で20記事更新！」「月間5万円の収益！」といった目標だけだと、「結局、今から何をすればいいのかわからない」という問題があります。

そこで、**細分化して「今すぐこれをやろう！」というところまで落とし込もう**というのがここでの主旨です。

はじめのうちは、ある程度当てずっぽうでも構いません。もし、既に実績を出していて聞ける人が周りにいるのであれば、この目標について相談するといいでしょう。

細分化の具体例は、１４０ページを参考にしてみてください。

②必ず「振り返り」「修正」を行う

目標を立てたら、2週間～1カ月単位で必ず「振り返り」「修正」を行いましょう。

逆に言えば、この「振り返り」と「修正」があるので、はじめに立てる目標はある程度ざっくりしたものでOKです。というか、はじめからちょうどいい塩梅がわかることの方が珍しいので、修正前提でとりあえず始めて、調整していきましょう。

モチベーションの観点から見ても、**「自分がどれだけ進んでいるかわかる」ということは、心理学的に非常に重要な〝やる気ポイント〟**です。

ちなみに目標は「ラクにはできないけど、頑張ればいける」というラインに設定し、だんだんとそのラインを絞って調整していくのがおすすめです。

③数字以外の目標も立ててみる

最後はおまけですが、ぜひ「数字以外の目標」を何か考えてみてください。これを考えてみるとブログのコンセプトが固まったりします。**コンセプトが決まっている場合は、定期的にコンセプトを振り返ればOK**です。

例えば私のhitodeblogの場合、コンセプトは「何も知らないブログ初心者でも、ゼロからブログを立ち上げることができて、月1万円の収益を出せるサイトにする」ですが、これを数字以外の目標として掲げています。これがあることで、自分の発信内容にブレがなくなりますし、三日坊主の防止にも役立ちます。

ヒトデが稼げるようになるまで、実際に立てていた目標

参考になるかわかりませんが、イメージが湧きやすいと思うので、当時、私が実際に立てていた目標を公開します。

［コントロールできない目標］
・月間PV　1万→5万→10万→30万→50万→100万
・月間収益　1万円→20万円→100万円

と段階的に上げていきました。

収益に関しては、もともと「趣味でやっていたらお金になった！　嬉しい！」から、「20万円あれば会社辞められるかも……」→「稼げたけど辞められない！　それなら

100万円だ!!　100万あれば辞められる！」→「実際に稼げて辞められた！」という流れでした。

［コントロールできる目標］
・月20記事は更新 or リライトを行う
・1日最低3時間はブログに使う

実際に設定していた目標はこの2つです。

1記事書くのに平均どれくらいかかるのかを細分化し、実際にどんな工程で書いているかも細分化。その中から、記事ネタ探しの部分を通勤時間や会社の休み時間、昼休みに行うようにして、家では執筆に集中していました。

最終的には「1日3時間ブログに使う」の方をメインにして、土日は合わせて8時間はブログに使うようにしていました。

この生活を2年以上続けていたからこそ、今があると思っています。

5章

情報発信で収益を最大化させる方法

収益を増やすために大事なこと

毎月どれくらいお金が欲しいかは人それぞれだと思いますが、情報発信で理想の暮らしを手に入れるには、それなりに稼げるに越したことはありません。ここでは「いかに収益を最大化させるか」というテーマでお話ししていきます。

情報発信で収益化する方法は様々ありますが、大きく次ページの図のように分けられます。それぞれの具体的な説明に入る前に、「そもそも、情報発信がなんでお金になるの？」という根本に触れておきたいと思います。

私たちが仕事をするとお金がもらえるのは、「どこかの誰かの役に立つから」に他なりません。**お金を支払う方は、自分ではできないこと（もしくは、できるけどやりたくないこと）を、他の誰かがやってくれるから、その対価としてお金を支払います。**

それは、情報発信でお金を得る場合も同じです。**役に立つ発信は多くの人に見られるので、広告の効果も高まります。**

情報発信で収益化する方法

	具体例	報酬	価値	特徴
クリック型（インプレッション型）広告	**Google アドセンス**（サイト、YouTube） **広告収益配分**（X）	表示課金 クリック課金	認知拡大（企業の知名度アップ→商品が売れる）	○低ハードル ×頭打ちが早い
アフィリエイト（成果報酬型広告）	**Amazon アソシエイト** **楽天アフィリエイト** **各種 ASP**（アフィリエイト・サービス・プロバイダー：A8.net など）	成果報酬	認知拡大／PR代行（「売る」部分を代行する）	○収益性が高い割にリスク小 ×広告主都合に振り回される
企業案件（直契約・純広告）	**PR 記事**（記事広告・タイアップ） **案件動画** **固定広告枠**	案件ごと	広めたい商品やサービスを、相性の良い読者・視聴者に PR	○売れなくても報酬がもらえる／高単価 ×高ハードル
自社商品	**オリジナル商品** **オリジナルサービス**	商品やサービスの売上	ダイレクトに人の役に立つ（その商品やサービスで、直接的に抱えている悩みや課題を解決する）	○売上最大化の可能性・充実度高 ×負担大／有形の場合はコスト大

収益化の方法1
クリック型（インプレッション型）広告

まず、最も簡単な収益化の方法が「クリック型（インプレッション型）広告」です。例えば、ブログやサイトに掲載する広告、ＹｏｕＴｕｂｅの視聴時にはさまれる広告、Ｘの広告収益配分などが挙げられます。

これは広告全般に言えることですが、簡単に言うと、「あなたのコンテンツ（記事、動画、投稿など）で集めた人たちに、広告を流して宣伝させてよ。そのお礼にお金を払うよ」というのが広告収入の仕組みです。

雑誌や新聞の広告、テレビＣＭ、人が多く集まる場所に看板や宣伝を出す「街頭広告」などのネット版のようなイメージです。

ネット広告の場合、Ｗｅｂサイトやブログ、ＳＮＳ、ＹｏｕＴｕｂｅなど複数の媒体に一括で広告を出せる「アドネットワーク」という仕組みが存在します。

クリック型（インプレッション型）広告の特徴

価値　多くの人を広く集めて、多くの人の目に触れさせる
（企業の知名度アップ→その結果、商品が売れる）

具体例　Google アドセンス（サイト、YouTube）、広告収益配分（X）

○ メリット
最もハードルが低い

× デメリット
頭打ちが早い
大量のアクセスを集めないとスケールしない

これがあることで、広告を出す方は、掲載したい媒体をひとつひとつ選定&契約という複雑な手間が省けて超便利！　広告を掲載する側も同様です。

そんなアドネットワークの代表格にGDN（Google Display Network）があり、Googleアドセンス（Google AdSense）のアカウントを作って広告の設定をすることで、自分のブログやサイト内に広告を掲載することができます。サイトの特定エリアやページなど、掲載場所を指定することも可能です。

この広告収入の良い点として、発信者にとってハードルが低い点が挙げられます。**Googleアドセンスのような仕組みを活用すれば、難しいことを考える必要はありません。**配信側がすべて考えて配信し

アドネットワーク広告の仕組み

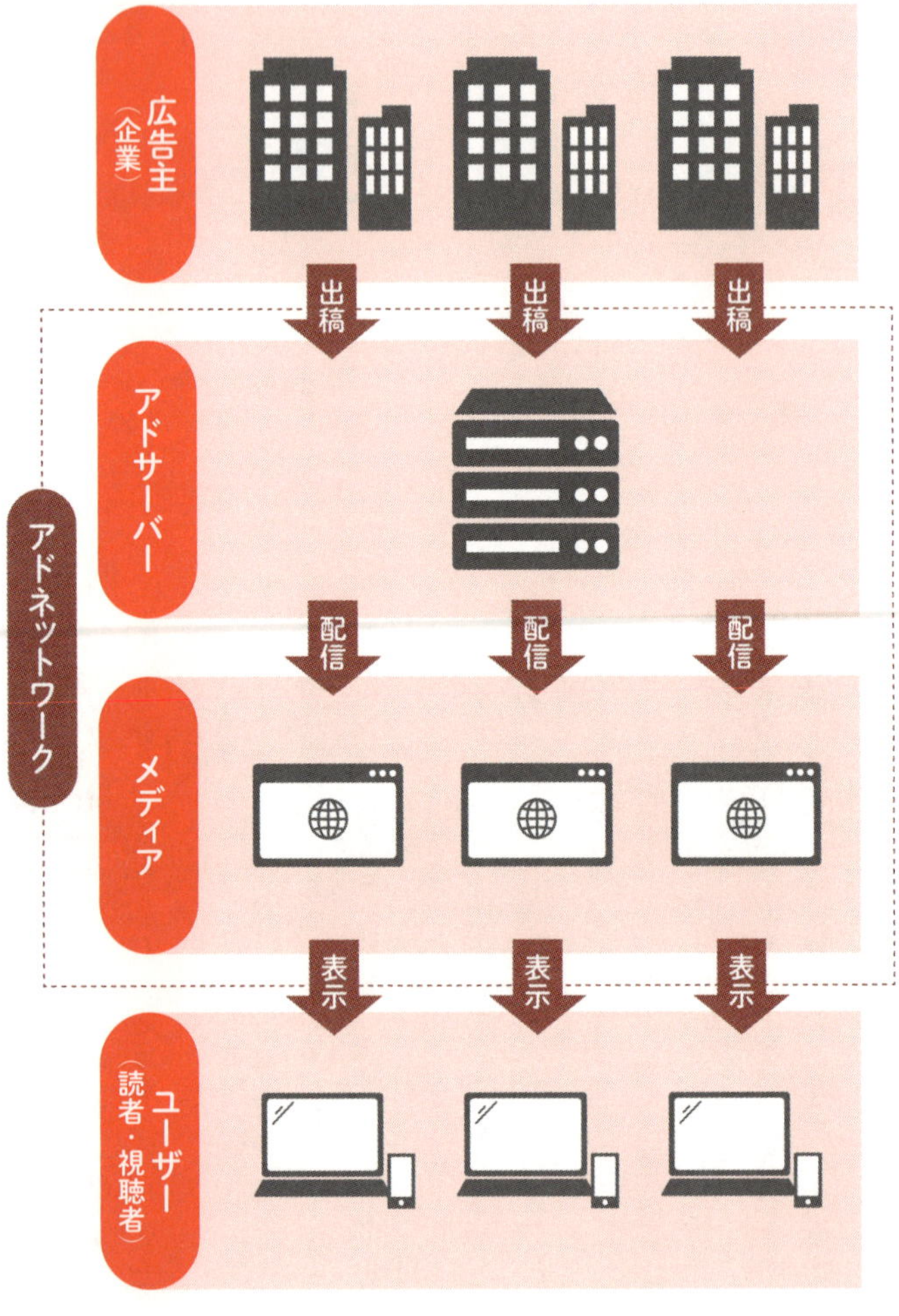

てくれるからです。

情報発信をする側は、とりあえずこの設定をして人さえ集めることができれば、広告の表示数やクリックの回数がそのまま収益になります。

つまり「自分の発信したいことで売るものがない！」という人でも、この方法であれば収益を得ることが可能です。

いろいろ難しい横文字を使いましたが、要するに**「ここに広告張っていいよ！」と指示するだけで、いい感じに広告を選んで掲載してくれて、その広告の効果に応じてお金がもらえる**という仕組みです。

ただ、もちろん弱点もあります。

この広告パターンの最も大きな弱点は、収益性の低さです。ハードルが低く、0→1を達成しやすい反面、大きな収益を得ようと思ったら、それだけ多くの人を集める必要があるため、収益の頭打ちがかなり早いです。

配信側が出す広告を選んでくれるというのも、短期的に見たらラクなのですが、長い目で見ると「自分で最適な広告を選べない」（＝収益の最大化がしにくい）というデメリットになります。

Google アドセンスで収益化に至る流れ

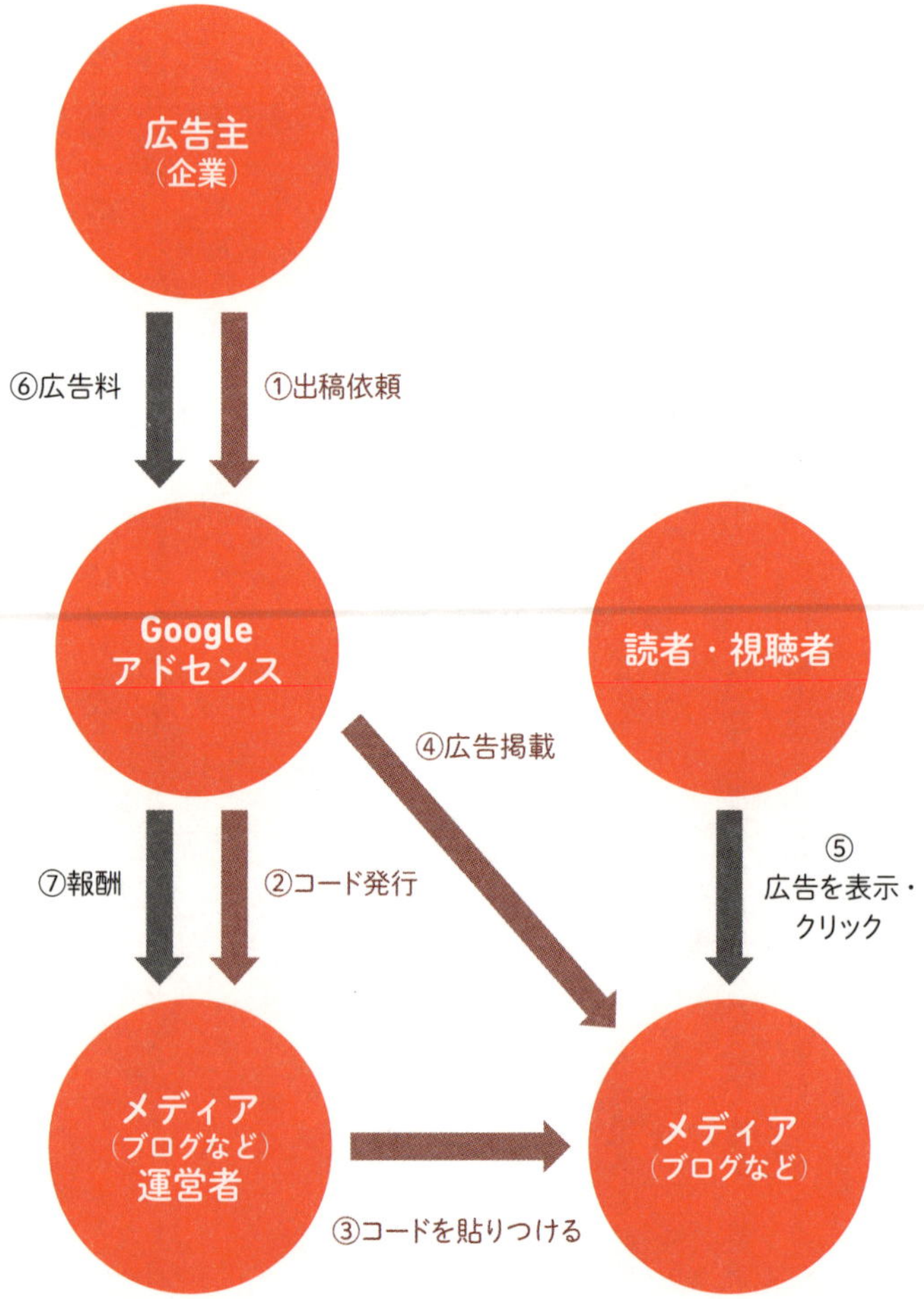

副業やお小遣い稼ぎ程度（月数万円）ならともかく、**事業として成り立たせたい場合は、他の方法を組み合わせた方がいい**でしょう。

私自身、以前はブログで月間100万PV以上のアクセスがありましたが、それでも広告収益（Googleアドセンス）は20万円程度でした。

選ぶジャンルやコンテンツのボリュームによっても増減しますが、基本的には1PV（動画なら1再生）あたり0・1円〜1円程度のイメージです。

Xの広告収益の仕組み

Xの広告収益は、**投稿によって表示される広告から得られる収益の一部が、ユーザーに還元される**というものです。

収益額は、Xに投稿したポストのエンゲージメント数（「いいね」やリプライなど投稿に対する反応）に応じて決まります。簡単に言うと、**投稿したポストがたくさん表示されて反応を多くもらえると、その分たくさん広告も表示されるので、収益も多くもらえる**という仕組みです（収益化には、XPremium加入、フォロワー500人以上などの条件があります）。

クリック型広告の収入を最大化させるコツ

クリック型広告の収入を増やす方法は、基本的に「いかに多くの人に見てもらえるか」に集約されます。そのため、**発信する領域選びがとても重要で、多くの人が興味のある分野を選ばないとスケール**（収益が拡大）**しにくい**です。

ニッチな領域で戦ってしまうと、たとえNo．1を取れても、そもそも集まる人が少ないため、収益になりにくいです。

もうひとつ、重要な要素が「単価」です。単価は広告によって開きがありますが、例えば1PV（再生）あたり0．1円と1円では、同じPV（再生数）でも10倍の差になります。ただ、ここを細かい工夫で上げることはかなり難しく、**単価はほぼ「発信するジャンル」で決まります**（Googleアドセンスで「表示させたくない広告」をブロックすることはできるが、表示させたい広告を選ぶことはできない）。

読者や視聴者があまりお金を使わないジャンル（例・エンタメ系）だと単価が低くなりがちですし、逆に、お金が大きく動くジャンル（例・金融、不動産）だと、単価は上がります。

具体的に私の経験をお話しすると、不動産系のコンテンツが伸びた際は、1PVあたり0・9円の単価でしたが、アニメ系のコンテンツの際は、1PVあたり0・2円程度でした。

それなら、お金が大きく動く（単価の高い）ジャンルでやればいいじゃん！と思うかもしれません。しかし、そもそもお金を大きく動かしたいのであれば、後述する他の収益化（アフィリエイトなど）ではもっと儲かるので、あえてクリック型広告で単価の高いジャンルを選ぶ意味が少ないという印象です。

逆に**「儲かるジャンルだけど、ブログを通じて売る商品はない！」というときには、狙ってみてもいいかもしれません。**

高単価のコンテンツ以外で、「ブログ×広告収入」の成果を上げたい場合、

- **トレンドを追い続けてその場その場で稼ぐ**
- **ずっと需要のある普遍的なテーマでカタログサイトを作る**

という選択肢が考えられます。

前者の具体例としてわかりやすいのが、芸能人のスキャンダルを扱うコンテンツです。そういった、多くの人が興味のある、速報性の高いニュースなどをいち早くまとめてアクセスを稼ぐという手法です。

この方法は0→1の達成という意味では早いと思いますが、競合が大量にいる上に、ライティングのスキルも身につかず、積み上がっていくものがなく、手を止めたら収益も完全に止まるため、個人的にはまったくおすすめしません。

後者の具体例としては、特定地域の観光名所のようなテーマが挙げられます。芸能人のスキャンダルと違い、観光名所にはそうそう変化が起こりません。例えば、京都の観光名所をまとめたサイトであれば、多少のメンテナンスは必要なものの、基本的な内容は変化せずに使い続けられます。

この手法は良い切り口さえ見つかればおすすめできますが、爆発力がありません。逆に言うと、月数万円の収益を（比較的）安定して得たい、という方にはおすすめできます。

いずれの方法も、それでしっかり稼ぎ続けている人もいますが、ブログで収入を得ていくのであれば、155ページ以降で紹介する別の方法を推奨します。

ブログ（サイト）とYouTube（動画）の性質の違い

ひとくちに広告収入と言っても、ブログやサイトとYouTube（動画）の性質はかなり違います。それは**流入経路（広告を見る人の集まり方）の違いが大きい**です。

ブログ（サイト）の流入経路は検索によるものが多いのに対して、YouTube（動画）はおすすめされたものを、気になれば見るという形式です。

これはつまり、

- **ブログ（サイト）は、何か悩みがあって、それを解決するために見る**
- **YouTube（動画）は、自分の興味が引かれたものを見る**

ということになります（もちろんすべてがそうではないですが、そういった傾向が強いです）。

この性質から、クリック型（インプレッション型）広告とより相性が良いのはYouTube（動画）だと考えます。

悩み解決や商品PRにつながらなくても、みんなが見たいもの（興味が引かれるもの）を作ればOKというのは、人によってはやりやすいでしょう。YouTubeは特に「自分の好き」を収益につなげるハードルが低いです。

例えば、トカゲを20匹飼ってる人がいたとして、「トカゲを飼ってる人向けのブログを作って、悩みを解決して商品を売ろう！」と思っても、実際にトカゲを飼う人はそこまで多くないため、収益化に苦労します。

しかし、「自分で飼いたいわけではないけど、その様子を見てみたい」という人に向けて、飼育の様子や、そのときあった面白かった瞬間を動画にまとめると、それは多くの人の目にとまる可能性があります。

私自身、トカゲを飼いたい！とは思いませんが「20匹のトカゲと暮らすOLのモーニングルーティーン」なんて動画が流れてきたら、うっかり見てしまうと思います。

このように、**「普通の人からしたら変なことをしてる」人は「YouTube（動画）×クリック型（インプレッション型）広告」と、とても相性が良い**です。昔なら「変人じゃん！」で終わりだったのが、今ではそれを発信することでお金につなげることができます。

普通の人と比べて変わっていて、希少性があればあるほど成功確率も上がりますし、結局そうやって知名度を得ていくと、後述する別の収益化方法にもつなげやすくなります。

収益化の方法2 アフィリエイト

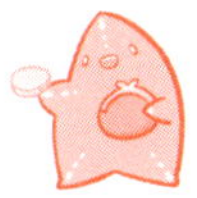

続いての収益化の方法はアフィリエイトです。これは情報発信ととても相性が良く、ほぼすべての媒体で行える収益化の方法です。

アフィリエイトを簡単に説明すると、「商品を紹介して、その紹介した商品が売れたら報酬をもらえる」という仕組みのことです。**企業の代わりに商品を売ることで、その売上の一部をいただける**というイメージです。「成果報酬型広告」なんて呼ばれたりもします。

実際にどうやって報酬を得るかというと、「A8.net」のようなASP（アフィリエイト・サービス・プロバイダー）に登録し、紹介したい商品やサービスを選んで、自分のブログやSNSに専用のURLを貼るだけです（URLによって、どこから購入につながったかがわかる仕組み）。そのURLから購入に至った分だけ報酬となります（単価×個数）。

この収益化の方法の良い点は、バランスの良さにあります。

アフィリエイトの特徴

価値	商品を PR して「売る」部分を代行する
具体例	Amazon アソシエイト、楽天アフィリエイト、各種 ASP（アフィリエイト・サービス・プロバイダー：A8.net など）

○ メリット	× デメリット
収益性が高い割にリスクが少なく、最もバランスが良い	広告主の都合で振り回される

先ほどの広告収益と比べて、**少ないアクセスでも、商品さえ売ることができればまとまった金額になります。**

しかもその収益は青天井です。**個人で月に数百万円、ともすれば数千万円という規模で稼ぐ人もいるのが、このアフィリエイト**です。組織化して、月に数億円稼いでいる会社も存在します。

著者である私も、このアフィリエイト収益で累計5億円以上稼いで、FIRE（経済的自立による早期退職）を達成しました。

アフィリエイトの何より素晴らしい点は、これだけ**高い収益性がありながらも、リスクや手間が非常に少ない**ことです。

普通、ビジネスをしようと思ったら、自分でサービスや商品を作る必要があります。

アフィリエイトの仕組み

そして、作って終わりではありません。サービスであれば実際に運営を続けていく必要がありますし、売り切りの商品だとしても、商品の発送やクレーム対応などのアフターフォローは必要です。

しかし、アフィリエイトはそれらをすべて行う必要がありません。**他の企業が頑張って作った商品やサービスに、集客するだけ**です。

膨大な手間とお金をかけて作られたであろう、誰もが知っている大企業の商品やサービスを売ることで収益がもらえるというのは、実はとてつもなくすごいことなのです。

このように素晴らしいアフィリエイトですが、デメリットも存在します。

それは、自分たちのサービスではないので、実績が積み上がっていかず、サービスの持ち主である広告主に振り回されるということです。

極端な例を出せば、先月1000万円の収益があっても、広告主が「もうアフィリエイトはやめる」と言えば、それに抗う方法はありません。それまでどれだけ売上が立っていようが、翌月の収益は0円です。

そこまでいかなくても、「業績が悪いから、これまでは売上の5％を報酬にしていたけど、これからは1％にします」などと変化することはよくあります。

また、サービスの変更があったり、紹介の仕方に問題があって、修正が必要だと言われれば即座に対応する必要があります。

といっても、冷静に考えれば当たり前の話で、あくまでやっていることは「商品を代わりに売っている」だけなので、広告主側の都合で振り回されることは覚悟しておきましょう。

アフィリエイト収入を最大化させるコツ

アフィリエイトのテクニックはそれだけで5冊くらい本が出せるほど大量にあるのですが、特に重要なコツをお話しすると、次の2点です。

- **「商品を必要としている人」を集める**
- **報酬の「単価」を意識する**

先ほどのクリック型広告では、とにかく「数」が大切だと話しましたが、アフィリエイトの場合は考え方が変わってきます。もちろん多ければ多いに越したことはないのですが、それ以上に重要なのが「商品を必要としているかどうか」です。

アフィリエイトはクリック型（インプレッション型）広告広告収入と違い、人を集めるだけではお金にならず、商品を売ってはじめてお金になります。

そのため、極端な話をすれば**商品を買うつもりがない人を1万人集めるより、「もう絶対買いたい！」と思っている人を10人集める方が得策**です。そう考えると、メディアの性質的には、ブログのように検索でたどりつくメディアが有利です。

読者は何かに悩んで、自主的に調べてサイトにやってくるので、検索キーワードによっては「この悩みを解決できる商品があるなら買いたい」と思っていたり、「既に買うことは決めてるけど、どっちが良いのかわからない」というような、**「商品を必要としている人」を集めることができる**からです。

段階を踏んで「単価」を上げていこう

こんな話をすると、ブログ以外だとアフィリエイトは微妙なのかな？と思うかもしれませんが、そんなことはありません。**YouTubeやSNSで、アフィリエイトで稼いでいる方も実際にたくさんいます。**

お金がもらえる仕組みはブログと同じですが、YouTubeの場合、対象商品の

クリック型広告とアフィリエイト（成果報酬型広告）の違い

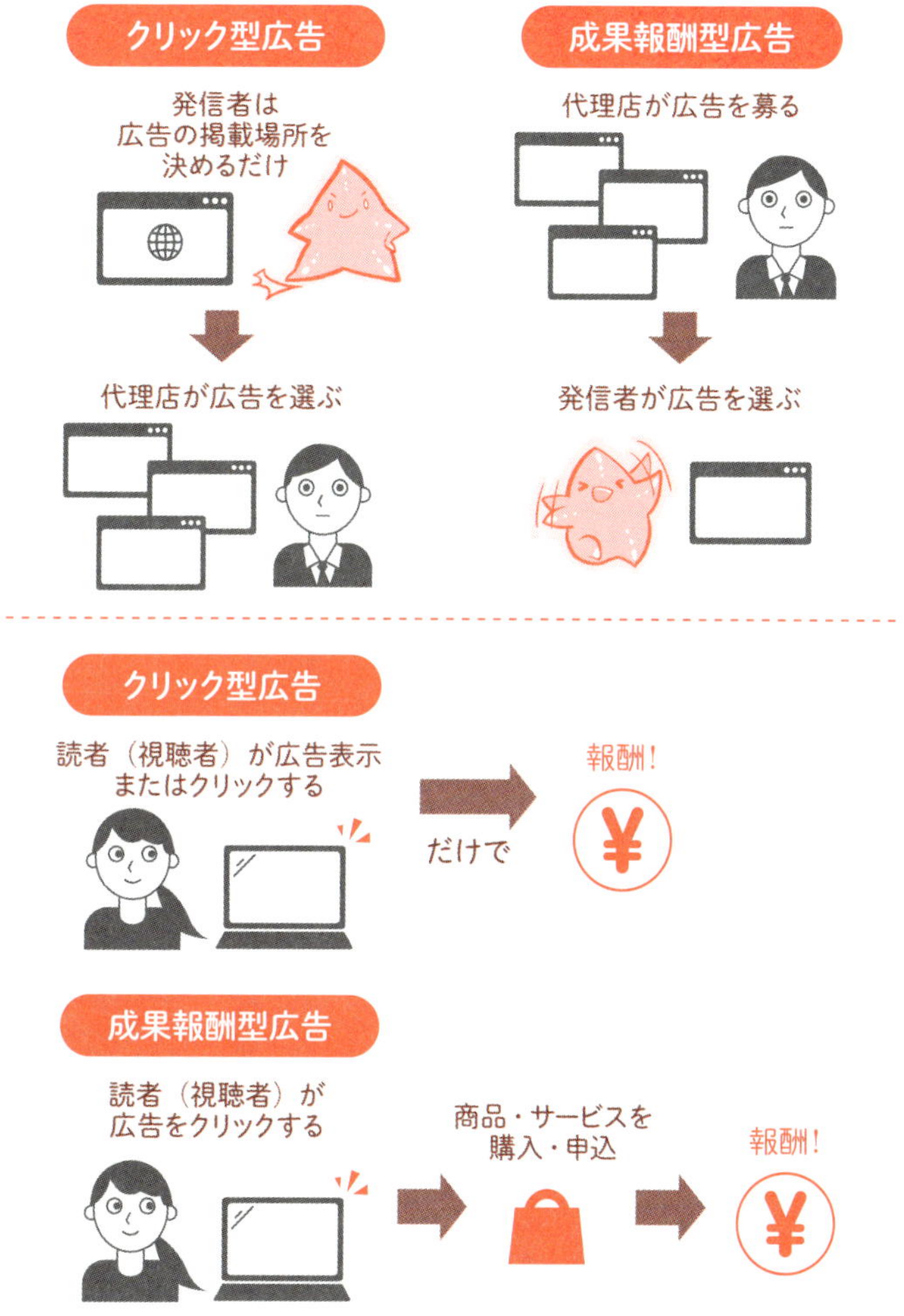
クリック型広告
発信者は
広告の掲載場所を
決めるだけ
代理店が広告を選ぶ
成果報酬型広告
代理店が広告を募る
発信者が広告を選ぶ
クリック型広告
読者（視聴者）が広告表示
またはクリックする
だけで
報酬！
¥
成果報酬型広告
読者（視聴者）が
広告をクリックする
商品・サービスを
購入・申込
報酬！
¥

PR動画を投稿し、概要欄にアフィリエイトのリンクを張っておきます。SNSの場合は、アフィリエイトのリンクを入れて商品を紹介したり、自分のブログの商品紹介ページのリンクを入れて投稿します。

ただ、いわゆる「高単価」な商品であればあるほど、（その広告の対象者の）悩みが深い傾向があり、ブログのような検索での流入が有利になります。

インスタで偶然見かけたコスメを買ったり、Xでおすすめされていた本を買うことはよくあるかもしれませんが、同じ理由で大型テレビを買ったり、エステに申し込んだりすることは少ないですよね。

そこで興味を引かれたとしても、そのまま申込はせずに、一度どこかしらで「検索」して他と比較したり、実際に使っている人の体験談を探したりするのではないでしょうか？　もちろん最近は各種SNSやYouTube内で検索をする人も増えてきていますが、それでも比率で言ったら、検索での需要は圧倒的にサイトやブログの方が多いです。

そして、すごく当たり前の話ですが、報酬の単価が高ければ高いほど収益性は大きくなります。物販がメインのアフィリエイトだと、ひとつの商品を売っても報酬は数十円、良くて数百円というケースが多いですが、動くお金の大きなサービスの場合、1件数万

円という案件もたくさんあります。

最終的なゴールにもよりますが、ある程度まとめて稼いでいきたい場合は、この「単価」が非常に重要なため、クリック型広告よりアフィリエイトをおすすめします。

月に数万円の収益でよければ、数十円、数百円の積み重ねでも可能ですが、20万円、50万円、100万円といった収益を目指すのであれば、やはりそれなりの単価が必要です。私の実体験としては、

- **数百円の商品の場合、最高20万円**
- **3000円程度の商品のとき、最高300万円**
- **1万円程度の商品のとき、最高2000万円**

の収益が出ました（月収）。これはあくまで私の一例ですが、まわりのうまくいっている人たちを見る限り、

- 月20万円以上を目指すなら、最低でも500円以上の単価
- 月100万円以上を目指すなら、最低でも3000円以上の単価

はないと厳しいかなと感じています。

もちろん例外はあって、それこそインフルエンサーだと、低単価商品だけで月に数百万円稼いでいる人もゴロゴロいるので、あくまでも目安となります。

当然、高単価になればなるほどライバルも強いし、売るために学ぶべきことも増えていきます。**初心者の場合は、まず低単価から始めてみて、ある程度売れるようになってから高単価にチャレンジする方が好ましい**です。

私のもとに定期的に来る相談として、「ずっと収益が数万円で伸び悩んでる」という話があるのですが、**高単価の商品を扱うことで解決するケースがかなり多い**です。

このアドバイスに尻込みする人もいるのですが、実際のところ、500円の商品を売るのと、5000円の商品を売る場合、その難易度が10倍になるかというと、決してそんなことはありません。

低単価商品が売れるようになったら、ぜひ高単価の商品にも挑戦してみてください。

また、自分の発信するジャンルには低単価商品しかない！　という方は、このあと紹介する収益化の方法「企業案件（直契約・純広告）」「自社商品」を参考にしてください。

SNSで収益化を目指すときのポイント

SNSを使ってアフィリエイトをする場合、日々の信頼がとても重要になります。この人は、「自分が商品やサービスを宣伝して儲かりたいのか」それとも「本当に良いと

アフィリエイトと媒体の相性

	ブログ	SNS	YouTube
高単価の商品・サービス	◎	△	△
低単価の商品・サービス	○	◎	◎

高単価は深い悩みを解消する商品・サービスの傾向が強く、SNSとの相性が良くないことが多い

思っておすすめしているのか」、一般ユーザーは常にジャッジをしています。

そこで重要になるのが**日々の発信の積み上げ**です。「この人の言うことはいつも参考になる」「この人はフォロワーに対して誠実な人だ」「この人のおすすめする商品はいつもハズレがない」。そんな風に思ってもらえていたら、アフィリエイト商品でも簡単に売れます。

結局、自分が儲かりたいからと、アフィリエイトをバンバン紹介していても儲かりません。**見てくれているフォロワーや登録者の方を裏切らず、誠実に運営していくことが、結果的に最も収益を大きくします。**

アフィリエイトで成果を上げるためのテクニック5つ

ここまで読み進めて「アフィリエイトに挑戦してみたい！」と思った方に向けて、初心者が成果を上げるためのテクニックを5つ紹介します。

①Amazon・楽天で買える「自分が使っている商品」を紹介する

何からやればいいかわからない！という方は、まずAmazon・楽天で買える、自分が本当に使っている商品を紹介してみましょう。

ブログの記事やSNSにAmazonや楽天のアフィリエイトリンクを張り、読者がそれをクリックして商品を買うと、売上の一部が報酬になる仕組みです。

Amazon、楽天は既に利用したことのある人が多く、新しく配送先の住所やクレジットカードの情報などを入力する必要がありません。

一度使ったことのあるサイトは購入側の心理的なハードルも低いため、購買につながりやすいうえ、アフィリエイトを設定する側（発信側）も読者もなじみ深いため、初めて商品を紹介するときに取り組みやすいです。

キングジム　取扱い説明書ファイル
キングジム 取扱説明書ファイル A4タテ 2632ライ ライトグレー
キングジム(Kingjim)
Amazonで探す ›
楽天市場で探す ›
おすすめポイント
1 バラバラになりがちな説明書を一ヵ所にまとめておける
2 ファイリングされるから必要な時すぐに取り出せる
3 整理整頓が捗る

hitodeblog の Amazon・楽天リンク掲載例

また、実際に自分が使ったことのある商品であれば、様々な一次情報を取り入れることができます。実物の写真や、本当に使ったからこそわかるメリット・デメリット、「なぜ他の似た商品ではなく、その商品を選んだのか」など、見る人が求めている情報を提供できるので、読者の購入につながる確率が上がります。

何より、自分が使っていない商品を紹介するのと比べて、はるかに紹介しやすいはずです。

まずは、Amazon・楽天で購入できて実際に自分も使っている、親しい友達にも勧められるような商品の紹介から始めてみましょう。

そんなものはない！という方は、おすすめ本の紹介から入るのも得策です。

ちなみに、私が初めて売った商品は本でした。当時読んで面白かった本を、1記事使って「ここが良かった！」「こんな人は読んでみて！」と紹介したものです。数冊ではありますが、実際にブログ経由で本を買ってくれた人がいて、初めての報酬になりました（https://www.hitode-festival.com/?p=713）。

②無料登録、無料ＤＬで成果が上がる案件を狙う

とはいえ、Ａｍａｚｏｎや楽天の物販アフィリエイトは、先述のとおり基本的に単価が安いです。

そこで、次のステップとしてはＡＳＰの案件を扱うことになるのですが、まずはその中でも無料登録（体験）、無料ＤＬ（ダウンロード）で成果が上がる案件を狙うことをおすすめします。

具体的には、次のような案件です。

・サイト登録で報酬発生
・アプリＤＬで報酬発生
・２週間のお試しに申し込めば報酬発生

これらをおすすめする理由はシンプルで、お金がかからないものは訴求しやすいからです。

「これ、すごく良いサービスですが、1000円かかります」と言われたら、本当に自分に必要か検討したり、1000円以上の価値があるか見きわめたり、もっと安い別のサービスがないか考えたりと、様々なハードルが生まれます。

しかし、「すごく良いサービスが無料で試せる（使える）」のであれば、それらのハードルはなくなります。

もちろん、発信側としては伝える力を磨いていったり、自分に信頼が積み重なったりすると高額な商品でも売れるようになりますが、まずは無料で報酬が発生する案件から扱ってみると、成果を実感しやすいはずです。

③「セール」をうまく活用する

各社が行うセールは、商品を紹介する側にとっても大きな追い風になります。

特に「Amazonプライムデー」「楽天スーパーSALE」のような、大きなセール時は、**多くの人が商品の購入を検討します。**

元から欲しいと思っていたものをこの機会に買う、という需要もあれば、「安くなっているなら何か買いたい」と、特に欲しいものはなかったのに購入する人もいます。これは、商品を紹介する側からすると大チャンスです。

その証拠に、そういったセール時には「セールで買うべき商品○選!」というような発信が非常に増えます。発信する方は斜に構えずに、ぜひその波に乗ってみてください。セールの破壊力はすさまじく、私は過去のAmazonプライムデーで、3日間で200万円の収益を得たこともあります。

それは極端だとしても、**今まで成果を上げられなかった人が、セールをきっかけに初収益を上げたり、月に数百円止まりだった人が初めて1万円以上の収益になる、といったケースはよくあります**。

特にSNSはセールとの相性が良いため、普段はそういった発信をしないアカウントでも、セール時は試してみてください。

④相性の良い「鉄板商品」を見つける

これは少し先の話になるのですが、最終的に**自分の発信と相性の良い鉄板商品が見つかると、収益が安定します**。鉄板商品とは、自分の発信内容に興味のある人たちが、絶対に欲しがる商品です。

いろいろ紹介していく中で、

「こういう系統の商品は受けがいいな」

「この手の商品の新製品が出たときは、すぐに紹介すると食いつきがいいな」

「この系統の商品はセールですごく売れるな」

など、商品によって売れ方の特徴があるので、そうした傾向をしっかり把握するようにしましょう。

また、**サイトのコンセプトにピッタリ合う商品を見つけることができると、それも収益化という意味で、強い追い風になります**。

例えば私の運営する「hitodeblog」というサイトでは、ブログ初心者に向けた情報をたくさん紹介していますが、既存のシステムを使わずにブログを始める際には、基本的に「レンタルサーバー」の契約が必要になります。

つまり、私のサイトを見てブログを始める人の多くは、そのサービスを契約します。

そういった自分の発信テーマと合う鉄板商品を探してみてください。

⑤「スペック」ではなく「ベネフィット」を明確にする

アフィリエイトで成果を上げるテクニックとして、最後に少しだけ難しいですが、効果抜群なテクニックの話をします。

それが「ベネフィット」を明確にする、ということです。商品そのものではなく、**その商品を使うことで得られる価値（未来）のことを「ベネフィット」といいます。**

商品やサービスを紹介する際に、**このベネフィットを取り入れることで、読者（視聴者・フォロワー）は購買意欲を搔き立てられ、商品を購入する確率がグッと上がります。**

横文字だしよくわからん！という方もいると思うので、具体例を挙げて説明します。

まずは悪い例です。

［スマホ（iPhone）の紹介の悪い例］

このスマホはすごいです！　その理由は

・ＩＥＣ規格６０５２９にもとづくＩＰ68等級防水！
・Ａ18チップ搭載！　６コアＣＰＵ・５コアＧＰＵ・16コアNeural Engine
・先進的デュアルカメラシステム！
・４Ｋドルビービジョン対応ビデオ撮影！

・Face IDを使ったiPhoneによる支払いが可能！

これだけすごいからです！　おすすめです！

特に初心者の方は製品を紹介するとき、こんな風に紹介してしまいがちです。これらは、実際に公式サイトにも乗っていることですが、スマホに詳しい人以外はピンときません。

この説明が良くないのは「スペックを紹介しているだけ」という点です。ここにベネフィット（＝その商品を使うことで得られる価値）を加えよう、というのがここでお伝えしたいことです。例えば、「ＩＥＣ規格６０５２９にもとづくＩＰ68等級防水」だと、ただのスペックですが、ユーザーにとっての価値は、

「だから、多少の水を気にせず使える」

ということです。

これをいろいろな角度で掘り下げると、例えばこんなベネフィットが出てきます。

・防水ケースに入れなくても、キッチンやお風呂で気楽に使えます

・突然の雨が降っても、故障を気にしなくていいから精神的にラクです

・水没しても一定の深さ・時間なら問題ないので、プールサイドやアウトドアでもアクティブに使えます
・飲み物をこぼしても壊れにくいから、子どもが使うときの親のストレスが減ります
・簡単に洗えるので、多少汚れても衛生的に使い続けられます
・台風や洪水などの緊急時に、故障して使えない確率が低いので安心できます

どうでしょう？　「そのスペックがあることで、どんな良いこと（未来）があるのか」が明確になったと思いませんか？　もちろん、これらすべてを伝える必要はなく、自分の読者層に合わせて、喜ばれそうなベネフィットを伝えるようにします。

スペックだけを見て買い物をする人は少数です。多くの人はスペックではなく「それによって手に入る良いこと」を得るために商品を購入します。この**「どんな良いこと（未来）があるのか」というのが「その商品の価値」であり、「ベネフィット」**ということになります。

商品やサービスを紹介するときはスペックで終わらせず、その商品のベネフィットを必ず伝えるようにしましょう。それだけで、商品が売れる確率は跳ね上がります。

次ページからの言い換えの例も参考にしてみてください。

［スマホ（iPhone）のベネフィットを入れた紹介の例］
※箇条書きの部分は深掘りの例

■ＩＥＣ規格６０５２９にもとづくＩＰ68等級防水
↓水やホコリを気にせず使える！
・突然の雨やキッチンでの水ハネを心配しなくていいから精神的にラク
・水没しても一定の深さ・時間なら問題ないから、プールサイドやアウトドアでもアクティブに使える
・お風呂に持ち込んでも壊れにくい

■Ａ18チップ
↓サクサク動いて、ストレスフリーな操作感！
・アプリの起動が速く、待ち時間が減るから、人生の時間が増える
・ゲームや動画編集など、負荷の高い作業も快適になるから、今までスマホでできなかったことができて、時間を有効に使える

■6コアCPU・5コアGPU・16コアNeural Engine
↓高性能な処理能力で、スマホがもっとパワフルに！
・高画質のゲームがヌルヌル動いて、より没入して楽しめる
・AI処理が速く、カメラの補正や翻訳機能が超スムーズでストレスフリー
・動画編集や3Dアプリも快適に使えるから、今までスマホでできなかったことができて時間を有効に使える

■先進的デュアルカメラシステム
↓誰でもプロ並みの写真が撮れる！
・夜景も鮮明に撮れるから、暗い場所でもキレイな写真が残せる
・背景ぼかしや広角撮影で、今までなら重いレンズの付け替えが必要だったのに、映える写真が手軽に撮れる
・動く被写体もブレずに撮影でき、ペットや子供の大切な一瞬を残すことができる

■４Ｋドルビービジョン対応ビデオ撮影
→映画のような美しい動画が撮れる！
・旅行やイベントの動画を、まるでプロのような映像で残せる
・振り返りの楽しみが増える
・シェアした家族や友人に喜ばれる
・大画面テレビでも美しく再生できるほど高品質な思い出が残せる

■Face IDを使った、店頭、アプリ内、ウェブ上でのiPhoneによる支払い
→スマホだけで安全＆スピーディーに買い物できる！
・財布やカードを取り出さなくても、顔認証だけで決済完了するから、時間を無駄にしない
・会計時に慌てなくて済む
・パスワード入力の手間がなく、ネットショッピングがスムーズ。人生の時間が増える
・顔認証なので、なりすましや盗難のリスクが少ない。安心して使うことができる

収益を高める点でも「属人性」は最強！

ちなみにこの件でも、4章でお話しした属人性が根づいていると非常に有利です。例えば「家電といえばこの人！」と認識されていた場合、「この大型テレビ、買うか悩むなぁ」と迷った人が「あの人レビューしてないかな？」とわざわざ探しに来てくれることになります。

もしくは「大型テレビが欲しいけど、どれを買っていいかわからないから、あの人がおすすめしてるのないかな？」と来てくれる可能性もあります。

そうやって訪れた人は「レビューの評価が良ければ買うし、微妙なら違うのにしよう」という状態なので、まさに「商品を必要としている人」です。なんとなく見に来た人とは違い、成約率もかなり高くなります。

また、いろいろ検索して迷っているとしても「信用できるこの人が言うなら、これにしよう」といったように、決め手にもなりやすく、「○○といえば自分」という〝属人性〟がついていると、アフィリエイト収益の面でもとても有利になります。

収益化の方法3
企業案件（直契約・純広告）

3つ目の収益化は企業案件です。1つ目のクリック型（アフェリエイト型）広告収入と2つ目のアフィリエイトの間のような性質を持っています。

ここで言う企業案件は、広告主側が名指しで、あなた（メディア）に宣伝動画や宣伝記事を依頼したり、サイトや動画内に、固定でバナー広告や宣伝文を入れるように依頼するものを指します。

「1本〇〇円」「月額〇〇円」というように、固定で報酬がもらえるのが特徴です。場合によってはそれにプラスして、売れた数に応じたインセンティブがもらえるケースもあります。

企業側は、商品を売るためというよりは、認知拡大を目的としていることも多いです。

この企業案件は、特にアフィリエイトがないジャンルの発信をしているとき、運営者としてはとてもありがたい収入源になります。

企業案件の特徴

価値 広めたい商品やサービスを、相性の良い読者・視聴者にPRできる

具体例 案件動画、PR記事、固定広告枠

○ メリット
商品が売れなくても報酬がもらえる／単価が高い

× デメリット
ある程度の規模になっていないと依頼が来ない（高ハードル）

基本的には広告収益よりも大きな金額で依頼されるため、割が良いことが多く（そうでなければ、受ける意味がないため）、特に、売る商品がない（少ない）ＹｏｕＴｕｂｅチャンネルではここが大きな収入源となることが多いです。

単価は本当に様々で、１本５万円程度の依頼もあれば、１００万円超えの依頼もあります。近年では、誰もが知っている大企業でも個人に案件を依頼することが増えており、特にＹｏｕＴｕｂｅでは高単価なものが多いイメージです。

ブログ、SNS、YouTube、すべてやっている私の実感としても、YouTubeが最も依頼が多く、かつ単価も高いと感じます。

デメリットとしては、ある程度の規模でないとこういった話は来ない、ということがあります。相手にメリットがないからです。駆け出しのうちは意識しなくてもいいでしょう。

体感としては、YouTubeであれば登録1万人を超えたあたりからチラホラ依頼が来るようになり、10万人を超えると大手から高単価の依頼も来やすくなるようなイメージです。ちなみに、ここでも属人性が高い方が喜ばれるケースが多いです。

企業案件（直契約・純広告）の収益を最大化させるコツ

企業案件は、二重の意味で信頼との戦いです。「企業からの信頼」「視聴者（読者）からの信頼」の2軸で信頼を得ることが、収益を高めるための要件です。

●企業からの信頼

まず、企業からの信頼ですが、広告を出した結果がイマイチだと、シンプルに広告主は損をします。企業案件は、受けた時点で報酬が確定しているため、成果物の出来によって報酬が変わりません。それゆえ雑に作ってしまう人もいます。

しかし、再生回数やPVが少なければ次の依頼は来ません。また、動画の場合はその様子が誰からも見えるので、「あそこに企業案件出しても微妙じゃん」と、他からの依頼も来なくなります。

依頼主が何をアピールしたいのか、こちらに何を期待しているのか、要望を正確に把握して、企業側に信頼されることが重要です。

数字が良く、広告効果が高いとわかれば、再度依頼が来ることも多く、他の企業も依頼してきます。そして、多くの企業から依頼が来れば、単価を上げることも容易です。この好循環に入るために、その1件だけ見たら成果物の出来で報酬が変わらないとしても、企業のために全力を尽くしましょう。

● 視聴者（読者）からの信頼

しかし企業案件は、企業の要望に応えると同時に、自分を見ている視聴者からの信頼も大切にしないといけません。ここを失ってしまうと、発信者として終わります。

何でもかんでも依頼を受けたり、案件であることを隠して発信すると、見ている人の信頼を損ねる可能性があります。「金さえもらえばなんでもやるんだ」といった悪い印象がつかないよう、**目の前の報酬だけに気を取られず、あくまでも線引きをきちんと

行った上で受けることが大切です。

たくさんの視聴者がなぜあなたの動画やサイトなどを見るのかというと、日々の発信を見て「あなた（の発信）を信頼しているから」に他なりません。

なので、時には企業側とバトルになるとしても、内容の調整をする必要があります。私自身、企業側から「誰にでもおすすめできると言ってほしい」と言われたものの、「こういう人にはおすすめできないから、それは正直に伝える。それがNGなら案件は受けない」というように交渉を重ねたことは何度もあります（それで流れてしまった案件もあります）。

また、案件であることを隠すのも絶対におすすめしません。バレた瞬間に、これまでの積み上げがすべて台なしになりますし、そもそも「景品表示法違反」なので、違法です。「PR」「プロモーションを含む」などの表示を、各媒体のルールに則って行いましょう。

企業案件は**「あくまで案件であることはオープンにした上で、正直にレビューする。しかし広告主への配慮も忘れずに、きっちりとPRする」**という、バランス感覚がとても重要な稼ぎ方になります。

自社商品にもチャレンジすると充実度が高まる

発信してお金を稼ぐことを考えるとき、「自社商品」を作って自分のブログやSNSを介して売る、という選択肢もあります。

アフィリエイトで得られる報酬は売上のうちのごく一部分ですが、**自社商品の場合、当然売上はすべて自分のものになります**。

また、**自分の発信を見てくれる人にピッタリな商品を提供できる**というのも大きなメリットです。広告で収益を得たときより充実度が高いことは、想像に難くないでしょう。

そして、今度は他の発信者にPRを依頼する、といったアクションも取れます。

ただし、広告収入で稼ぐときに享受できるメリットは受けられず、自分の商品で収益を上げていくのはシンプルに大変です。

先述の収益化の方法3つ、クリック型広告・アフィリエイト・企業案件は、他の誰か（会社）が作った商品やサービスを紹介し、その紹介料・広告料をもらう、というものでした。一方、自社商品は（既に売れる商品やサービスを持っている場合は別として）、紹介する商品自体を自分で作らなくてはなりません。

お察しの通り、自分で商品を作るというのはなかなか手間がかかりますし、在庫を抱えるリスクもあります。作って終わりではないので、アフターフォローも必要です。加えて、様々な規制や法律もクリアしないといけません。

また、利益を出すためには、商品自体のクオリティや差別化も重要になります。他に似たような商品がもっと安く、もっと高いクオリティで売られていたら、自分の商品は絶対売れません。そういった商品設計もしっかり行っていく必要があります。

自社商品での収益化は、こんな人におすすめ！

その点、**手間やリスクが比較的少なく、トライしやすいのが「無形商材」**です。自分の知見をまとめて販売したり、経験を元にアドバイス（コンサル）を売るようなサービスであれば、大きなコストを負わずとも自社商品とすることができます。

近年では、ｎｏｔｅやココナラなど、集客しやすいプラットフォームも整っています。文章力に自信のある人は、ｎｏｔｅで有料記事を販売したり、メンバーシップのシステムを活用するのもいいでしょう。

これは商品が有形であれ、無形であれ同じですが、ネットで自社商品を展開する以上、「いかにして自分の発信を見てくれる人たちが求めている商品を作るか」がカギです。

普段の発信を通じて、ニーズを把握していく必要があります。

「みんながこういったものを欲してるのに、まだ世の中にはない！」

というものが見つかれば大チャンスです。

自社商品で収益化となると、もはやそれは情報発信という枠を超えて、世の中の会社がやっている事業そのものです。いきなりそこを目指すよりは、既に自分のサービスを持っている人が行ったり、他の手段で収益化できた人が、次のステップとして進むというイメージです。

ちなみに私の例をお話しすると、「ＡＢＣスペース（ＡＢＣオンライン）」が自社商品に当たります。これはブロガーのためのコワーキングスペースとオンラインコミュニティで、自分がブログをやっていく中で、

「ブロガーがリアルで集まれる場所があればいいのに」

という想いがあったのと、発信していく中で、そこに強いニーズがあることがわかったことから生まれたものです。

もちろん、アフィリエイトと違い、ここで生まれた収益はすべて自分たちのものになります。ただ、個人的な感想としては、やはり実店舗ビジネスは大変です。Webの事業と違い、とにかく経費がかかります。家賃や光熱費はもちろん、そこに常駐するスタッフの賃金、立ち上げの際の内装や保証料など、とんでもない金額が出ていきます。しかも、撤退を決めたとしても、やめるときにもお金がかかります。

合わせてオンラインコミュニティを運営していたおかげで、今でも黒字で運営ができていますが、単体で行っていたら厳しい戦いになっていただろうなと思います（ちなみに、グッズ販売もやったことがありますが、普通に赤字でした）。

この経験からも、**ビジネス経験が浅い方はまず無形商材でチャレンジしてみることをおすすめします**。特に、専門的な知識や経験がある方は、自分自身を商材として販売してみると、意外と需要があったりします。

これまでの話と同じく、信頼を落とすようなサービスにならないように気をつける必要がありますが、収益がスケールするきっかけになるので、ある程度影響力を得たあとに挑戦してみるのはおすすめです。

ブログとSNS、YouTubeの相乗効果

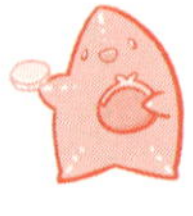

これはどのように収益化する場合にも言えることですが、ブログや複数のＳＮＳを同時に運営する場合、**同じジャンルについて発信をする**のが得策です。そして、**「コンテンツの使い回し」を意識する**ことを強くおすすめします。

ゼロからコンテンツを生み出すのは大変ですが、別の媒体で使い回すのは、労力がそこまで大きくかからないからです。

そして、**「ウケるコンテンツ」というのは、媒体によって変わります**。ブログでは全然ＰＶが伸びなかったのに、インスタで発信してみたらすごくフォロワーが増えた！ とか、動画にしてみたらすごくたくさん見られた！ みたいなことはよく起こります。

また、**使い回す利点は「外注しやすい」**という点にもあります。ゼロからオリジナルコンテンツを外注化して作るのは難しいですが、既に自分が作った「原液」があれば、大事な部分はそのまま、形だけ別のプラットフォームに最適化することで、クオリティ

を落とさずに横展開をすることができます。

ヒトデの実例として、「hitodeblog」というブロガー向けのサイトで作った記事を原稿にしてYouTubeを撮影したり、外注の方にお願いしてインスタの投稿に作り直したりしています。

注意点としては、**同時進行で進めない方がいい**です。ただでさえ日々の仕事や家事、育児で忙しいのに「まずブログ書いて」「インスタ投稿して」「それが終わったら動画も作って……」とか、無理ですよね（もし「余裕だが？」って人がいたら、何やっても成功するよ!!）。

複数運営のポイントは前述した通り「使い回す」ことにあります。それはつまり、**「使い回す」ための元がしっかり作り込んであることがとても重要**ということです。酷いたとえ話ですが、ゴミを使い回して複数展開してもそれはゴミが増えてるだけです。

まずはリソース1点にしっかり集中して、見てくれる人に寄り添った、役に立つコンテンツを作っていきましょう。そうやって「濃い原液」を作ることさえできれば、複数の媒体で使い回して、少ない労力で運営していくことが可能になります。

X	インスタグラム
短文投稿がメインの SNS ・拡散力が高く、リアルタイム性が強い ・インスタと比べて、幅広い層の男女が利用	**写真、ショート動画がメインの SNS** ・ビジュアルでの表現に向いている ・女性のユーザーが多い
・バズることで、とんでもない量の人に見られることがある ・テキストメインのため、他 SNS より敷居が低い ・テキストメインなので匿名性が高い ・投げ銭機能（Tips）がある ・X Premium 加入、フォロワー 500 人以上などの条件を満たすと、広告収益配分プログラムや、サブスクリプション機能を利用可	・打ち手が豊富（テキスト、画像、動画、リールなど、多彩な選択肢がある） ・他 SNS よりも女性の比率が高く、女性向けのターゲティングがしやすい ・属人性が高く、ファンがつきやすい ・インスタライブに投げ銭機能（収益バッジ）あり ・フォロワーが 1 万人を超えるとメンバーシップ機能を活用できる
・ある程度の投稿頻度を保たないと収益化に至りにくい ・他 SNS よりも炎上リスクが高い（拡散性ゆえに） ・（近年は特に）運営元の都合でルールが変更されがち ・リアルタイム性が高く、投稿のハードルが低いため、他の SNS よりも次々とコンテンツが流れて投稿が埋もれがち	・ある程度の投稿頻度を保たないと収益化に至りにくい ・ユーザーとの交流が重要（ストーリーズ、DM 返信など） ・X と比べてフォロワー外への拡散性は低い ・画像、動画メインのため、X やブログと比べて作成コストが大きい
・単体で使うよりは、他媒体との掛け合わせの方が収益化につながりやすい ・有益な内容の発信ではなく、日常の発信で身近に感じてもらうという使い方もできる（例えばユーチューバーが日常の発信を X で行い、ファンとの交流を深めるなど）	・ビジュアルで視覚的に訴えるコンテンツ ・主に女性向けのコンテンツ ・他媒体との掛け合わせとしても有用（例えばブロガーがストーリーズを使って日常を発信するなど）
・テキストメインで気楽に発信したい人 ・拡散を狙いたい人	・写真や動画が得意な人 ・女性向けのコンテンツを作成したい人

※機能や条件は本書刊行時点の内容であり、変わることがあります

プラットフォーム比較

	ブログ（サイト）	YouTube
特徴	**文章が中心** ・作り手の自由度が高い ・主に検索エンジンから、多種多様な人が集まる	**世界最大の動画共有サービス** ・コンテンツの幅が広い ・ユーザーの幅が広い（老若男女）
メリット	・ストック性がSNSよりも高く、新しい投稿を更新し続ける必要がない（※メンテナンスは必須） ・儲かるキーワードで検索上位表示されると、収益性がとても高い ・過去記事が探しやすく、見やすい ・テキストがメインなので始める敷居が低い ・属人性が低く、組織で運営しやすい ・「人」ではなく「記事」を見に来るケースが多いので、発信側の匿名性が高い	・プラットフォームとして勢いがある ・プラットフォーム内で「おすすめ」という形で露出が増える ・属人性が高く、ファンがつきやすい ・登録者という形でファンが積み上がる ・登録者500人以上、過去90日間で公開3本以上などの条件を満たすと、メンバーシップ機能を利用可
デメリット	・SEOで上位表示されないと収益にならない ・人が来るようになるまでに、とても時間がかかる ・ブログ単体だと運営者にファンが付きにくい ・検索エンジンのアップデートで収益が吹き飛ぶリスクがある	・ある程度の投稿頻度を保たないと収益化に至りにくい ・動画を撮影→編集という工程が初心者には敷居が高い ・長尺動画は他媒体と比べて最も制作コストが大きい傾向
どんなジャンル（コンテンツ）が合うか	・エンタメというより、ユーザーの問題解決につながるような、長文でしっかりと説明が必要なコンテンツ ・長文コンテンツや蓄積型のコンテンツ	・エンタメ系のジャンル ・動画で伝えた方がわかりやすいコンテンツ（例：スポーツや料理など「動き」が大事なコンテンツ、音楽や語学など「音声」が大事なコンテンツ）
おすすめな人	・自分のペースでコツコツとやっていきたい人 ・わかりやすい文章を書くのが得意な人	・自分自身を押し出していきたい人 ・普通の人とは違う、エンタメ的に面白い発信ができる人

おわりに

「とにかく、自由になりたい」

私が会社員時代、何度も何度も紙に書き殴ったことでした。

冷静に考えて、鬼の形相で「自由になりたい!! なんでなれないんだ! おかしいだろ! 自由ってなんだ!! おい!!」などと紙に書き殴っている20代男性はさぞ不気味な存在だったと思いますが、そんな不気味な成人男性が当時の私でした。

勤め先がブラック企業というわけでもなく、休みがないわけでもなく、パワハラを受けているわけでもない。人によっては「贅沢を言うな」と叱咤されるような状態かもしれない。

それでも、何とも言えない閉塞感をずっと感じ続けていました。

今が最悪とは言えない。でも、今の延長線上の人生がずっと続くのは、最悪かもしれない。何かを変えないといけないけれど、何を変えていいのかはわからない。

そんなモヤモヤを抱え続けていた自分がまず始めたのが、「書いて、発信する」ということでした。

自分の内面の本音を紙に書き連ねていく中で、自分の本当の欲求が見えてくる。やる理由が明確になる。やるべき行動が見えてくる。

発信をしていく中で、自分の経験が誰かの役に立つ。自分の想いに共感してくれる、近い価値観の人が集まる。もっと主体的にやりたいことが見えてくる。

そんなことを何度も何度も、何年も何年も続けているうちに、いつの間にか、私はずっと欲していた「自由」を手に入れていました。

辞めたいと思っていた会社を辞めて、自分がやりたいと思えることを仕事にして、気の合う仲間たちに囲まれて、経済的自立も達成しました。今ではいわゆる「好きなときに、好きな人と、好きなことをする生活」を送ることができています。

ここまで言ってしまうと、ちょっと詐欺商材っぽいですよね。自分でも少しそう思います。でも、安心してください。『これであなたも自由に！　ヒトデハイパーメソッド（98万8000円）』のセールスは始まりません（もし買いそうになったら、93ページを読み返して！）。

そして、ここに書いたことはすべて事実です。

私が伝えたいことは、本書の内容を「ふーん、そうなんだ」で終わらせずに、実際にやってみてほしいということです。

わかります。本の中のワークとか、大抵「後でやろ」と読み飛ばします。私もそうです。そして、ほぼそのままやらずに終わります。でも、これはもう「おわりに」です。残り数ページしかありません。あと少しだけ、私の「おわりに」に付き合ったら、すぐに始めてみてほしいんです。


紙とペンを用意して、自分の内面と、じっくり向き合ってみてください。自分のこれまでの人生と向き合ってみてください。自分の「好き」を、「価値観」を深掘りしてみてください。一度で終わらせず、懲りずに何度も何度も向き合ってみてください。

手元のスマホで、「誰かの役に立つ発信」を始めてみてください。どの媒体でも構いません。はじめは反応がないかもしれません。上手に発信できないかもしれないし、うまく言葉にできないかもしれません。それでも構わないので、発信を続けてください。

本当にそれだけで、人生は少しずつ良い方向に変わっていきます。そのことだけは、私が保証します。

「書いて、発信する」

言葉にすれば本当に単純なことですが、これには人生を変えうるとてつもないパワーがあります。ぜひ、実際に行動に移して、そのパワーを実感してほしいです。

この本を手にとっていただいた皆さまの人生が、少しでも良い方向に動いていくことを、心から祈っています。

そんな感じ！　おわりっ

ヒトデ

2025年2月

発信スタート準備メモ

自己分析と発信のコンセプト

自分の強み

興味があること

価値観・大事なこと

発信のコンセプト

目標

自分でコントロールできない目標

自分でコントロールできる目標

Amazonのアフィリエイト登録手順

詳しい説明はこちら
https://hitodeblog.com/amazon-hazimekata

①「Amazonアソシエイト・プログラム」に登録

Amazonアカウントを持っていない場合はアカウントを作成

②ブログのURLなど情報を入力

③自分のブログ（サイト）やSNSに広告リンク掲載

1 アソシエイト・ツールバーをオンにする

2 Amazon公式ページで商品を検索してリンクを作成する

（リンクは、「テキスト」「画像」「テキストと画像」から選べる）

3 リンクをコピーして記事に掲載する

「アカウント作成から180日以内に少なくとも3つの商品を販売する」「少なくとも10記事以上のオリジナル記事のあるサイトである」などの条件をクリアすると、報酬がもらえる。

※ Amazonの審査が通らない場合、ASPの「もしもアフィリエイト」を経由して審査を行うと通りやすい。「楽天アフィリエイト」は基本的に審査がなく、登録後すぐ始められる。

YouTube やインスタ・X で アフィリエイトを行いたいとき

設定手順はブログと同様。

1 ASP に登録
2 広告リンクを取得し、自分の SNS に掲載する

［参考］
「A8.net」の YouTube アフィリエイト設定ガイド
https://www.a8.net/as/youtube/

楽天のアフィリエイト登録手順

詳しい説明はこちら
https://hitodeblog.com/rakuten-sinsa

① 楽天に登録
②「楽天アフィリエイト」に登録
③ ブログの URL など情報を入力
④ 自分のブログ（サイト）や SNS に広告リンク掲載

ブロガーのための Google アナリティクスの
使い方講座
https://hitodeblog.com/google-analytics-kihon

Google サーチコンソールとは?（③）

Google 検索の分析ツール。Google に自分の記事をアピールしたり、自分のブログがどんなキーワードで検索されたかという流入分析ができたりする。Google 検索の順位を上げるために役立つ。

Google サーチコンソールの設置・初期設定方法
https://hitodeblog.com/searchconsole-first

ブロガーのための Google サーチコンソールの
使い方講座
https://hitodeblog.com/search-console-tukaikata

ASP とは?（③）

アフィリエイト・サービス・プロバイダー（Affiliate Service Provider）の略。アフィリエイトを行うために便利な、広告主と発信者をつなげる仲介業者のこと。

おすすめの ASP まとめ
https://hitodeblog.com/asp-osusume

WordPress「テーマ」とは?（②③）

サイト全体のデザインテンプレートのこと。無料と有料がある。無料なら「Cocoon」を選択するのがおすすめ。

Cocoonを使って、ブログを30分で
「それっぽい」デザインにする手順
https://hitodeblog.com/cocoon-design

パーマリンクとは?（③）

ブログ内の各記事に個別に与えられるURLのこと。

途中変更するとアクセス数が落ちるので、必ず最初に設定しておく。

プラグインとは?（③）

拡張機能のこと。入れておくと、難しいことをせずに様々な機能が使えるようになる。

おすすめのプラグイン
https://hitodeblog.com/plagin-saiteigen

Google アナリティクスとは?（③）

自分のブログ（サイト）を分析できるツール。登録すると、記事ごとのアクセス数や、訪れる人のブログ内の流れ（回遊）、男女比や年齢、滞在時間などのデータがわかる。

Google アナリティクスの設置・初期設定方法
https://hitodeblog.com/analytics-first

用語解説

サーバーとは？（①）

インターネットサービスを提供する側の情報の格納庫のこと。WordPressで始める場合、自分のブログを表示するために必要な場所（Webサーバー）をレンタルする必要があります。

機能充分なのに安価で、設定も簡単などメリットの大きい「ConoHa WING」というサーバーがおすすめです。

- 初心者は一番安い「ベーシック」で問題なく使える
- 料金は契約期間により異なり、12カ月の場合は月額990円

ブログ（サイト）のドメイン・サイト名とは？（②）

- ドメイン……インターネット上の住所。「hitodeblog.com」など。

ドメインの選び方
https://hitodeblog.com/domain-osusume

- サイト名……運営するブログの名前のこと（登録時は仮でOK）。「ヒトデブログ」など。

SSLとは？（②）

通信を暗号化する技術のこと。ブログ訪問者の情報漏洩を守る上で必須の設定（ConoHa WINGでは必要なボタンを押すだけ）。

WordPressで
ブログを始めるための設定手順

詳しい説明はこちら
https://hitodeblog.com/wordpress-start-fb

① **サーバーの契約をする** ※下記ConoHa WINGの場合
契約期間とプランを選択する

② **「WordPressかんたんセットアップ」に必要事項を入力し、サーバーの契約を完了する**

1 WordPressかんたんセットアップを選択
2 ドメイン名を入力
3 サイト（ブログ）名を入力
4 WordPressユーザー名・パスワードを入力
5 WordPressテーマを選択
6 決済情報などを入力
7 SSLを有効化する

③ **WordPressの最低限の設定を行う**

1 パーマリンクの設定
2 WordPressテーマでブログのデザインを整える
3 WordPressで使うプラグインを整える
4 Googleアナリティクス、Googleサーチコンソールの設定（アクセス解析ツール）
5 ASPに登録（アフィリエイト収益化に必要）

ブログサービス比較

	WordPress	note	はてなブログ
特徴	・CMS（コンテンツ・マネジメント・システム）の中で利用者数が最多 ・デザインやコンテンツの自由度が高い ・高い広告収益性が見込める	・とても手軽に始められる ・利用者が増えている	・手軽に始められる ・広告による収益化は note より向いている
収益性	・広告リンク掲載可 ・記事削除のリスクが低い ・長期的な資産化を目指すときにおすすめ	・記事販売や投げ銭の機能がある ・広告リンクは Amazon アフィリエイトのみ可	・有料プランで広告リンク（Google アドセンス）掲載可 *ただし規約により記事削除のリスクも小さくない
デザイン性	・デザインのカスタマイズ性がとても高い ・テンプレートが充実	・見出しやリード文、画像など掲載可能だが、全体のデザインや文字の装飾性は限定的	・デザインのカスタマイズ性が高いが、WordPress には劣る

はてなブログ Pro の特典とサービスの詳細はこちら
https://hitodeblog.com/hatenapro-shoukai

ブログは既存のシステムを使うべき?

YouTubeやXなどのSNSと違って、ブログを始める場合は最初にシステムを選ぶ必要があります。

無料で手軽にブログを始められる仕組みとしては、「note」や「はてなブログ」などが有名です。しかし、収益化を目的にブログを書く方には、それらをおすすめしません。運営会社の規約に縛られ、自分の資産になりにくいからです。

例えば、広告のリンクを貼ることに制限があったり、記事が非公開になるリスクなどが挙げられます。また、思った通りのデザインを作りづらいという縛りもあります。

そこでおすすめなのが、「WordPress」というシステムです。テンプレートが多く、カスタマイズの知識がなくても使いやすく、利用者は世界最多。立ち上げには、無料のブログシステムと比べると手間がかかりますが、記事の更新は簡単です。

設定の具体的な手順については、私のブログやYouTubeで説明しています。この付録で記事のリンクやポイントをまとめているので、ぜひ参考にしてみてください。

設定のハードルが高いという方は、「note」や「はてなブログ」から始めるといいでしょう。

付録

ブログ開設・広告設定のポイントと手順

CONTENTS

□ ブログは既存のシステムを使うべき?

□ ブログサービス比較

□ WordPress でブログを始めるための設定手順

□ 用語解説

□ YouTube やインスタ・X で
アフィリエイトを行いたいとき

□ 楽天のアフィリエイト登録手順

□ Amazon のアフィリエイト登録手順

□ 発信スタート準備メモ

特典動画（無料）のご案内

PRESENT

『「書くこと」で理想の暮らしを手に入れる
ゼロからはじめる情報発信の教科書』
ご購入の皆さまへ

本書をお買い上げいただき、ありがとうございます。
感謝の気持ちをこめて、ご購入いただいた方への特典動画をご用意しました。

「情報発信で成功するために絶対に守るべきこと」ほか本書に掲載しきれなかった内容など、
書く＆発信で理想の暮らしを手に入れるために大事なことを著者がわかりやすく解説！
ぜひご視聴いただき、お役立てください。

https://vimeo.com/user195951230/book-hitode

＊注意事項
- 動画視聴は本書をご購入いただいた方のみへの特典となります。
  動画のデータやURLを許可なく転載・配布することはできません。
- 特典は予告なく変更または公開を終了することがございます。
- 本書や動画の内容に基づく運用の結果については、著者や出版社が責任を負うものではないことをあらかじめご了承ください。

ヒトデ
愛知県生まれ。株式会社 HF 代表取締役。

趣味で始めたブログがきっかけで FIRE を達成。完全初心者のためのブログの始め方講座「hitodeblog」ほか複数のサイトを運営している。

最高ブログ収益は月間 2500 万円、累計ブログ収益は 5 億円以上。

2019 年コワーキングスペース「ABC スペース」をオープン。同時にオンラインサービス「ABC オンライン」をスタート。

著書に『1 万回生きたネコが教えてくれた 幸せな FIRE』(徳間書店)、『嫌なことから全部抜け出せる 凡人くんの人生革命』(KADOKAWA)、『「ゆる副業」のはじめかた アフィリエイトブログ』(翔泳社)などがある。

ブックデザイン　加藤愛子（オフィスキントン）
イラストレーション　しましまいぬ
編集担当　嶋田安芸子

「書くこと」で理想の暮らしを手に入れる
ゼロからはじめる情報発信の教科書

著　者　ヒトデ

2025 年 3 月 27 日　第 1 刷発行

発行人　立石 貴己
発行所　株式会社オレンジページ
〒108-8357　東京都港区三田 1-4-28 三田国際ビル
電話　03-3456-6672（ご意見ダイヤル）
048-812-8755（書店専用ダイヤル）
印刷・製本　中央精版印刷株式会社

Printed in Japan　©hitode 2025　ISBN 978-4-86593-731-2　C0095